¿Dónde están las llaves?

SAUL MARTÍNEZ-HORTA

Neuropsicología de la vida cotidiana

¿Dónde están las llaves?

Planeta

Obra editada en colaboración con Editorial Planeta – España

¿DÓNDE ESTÁN LAS LLAVES?
Neuropsicología de la vida cotidiana

© Textos: Saul Martínez-Horta, 2023

© 2023, Editorial Planeta, S.A. – Barcelona, España

Derechos reservados

© 2025, Editorial Planeta Mexicana, S.A. de C.V.
Bajo el sello editorial PLANETA M.R.
Avenida Presidente Masarik núm. 111,
Piso 2, Polanco V Sección, Miguel Hidalgo
C.P. 11560, Ciudad de México
www.planetadelibros.com.mx

Primera edición impresa en España: noviembre de 2023
ISBN: 978-84-08-27348-6

Primera edición impresa en México: enero de 2025
ISBN: 978-607-39-2221-0

Impreso en Operadora Quitresa S.A. de C.V.
Goma 167, Granjas Mexico, Iztacalco,
Ciudad de México, C.P. 08400
Impreso en México - *Printed in Mexico*

*Por si un día mi mente se nubla. Por si llegaran voces que otros
no escuchan o por si viera sombras pasar.*

*Por si algún día no conozco tu rostro,
ni tu nombre, ni recuerdo las historias que construimos.*

A Saul V por enseñarme a amar.

ÍNDICE

PRÓLOGO

Cada movimiento, cada pequeño gesto, palabra, emoción o recuerdo. Cada imagen en nuestra mente y cada sensación. La impresión del paso del tiempo, el olor a frambuesas, o la ternura que empapa cada milímetro de nuestro ser cuando evocamos en un recuerdo lejano la mirada llena de amor de una madre que nos contemplaba jugando una cálida tarde de verano. Todos, absolutamente todos estos elementos y todo aquello que de algún modo habita en nuestra mente y que configura cualquier tipo de experiencia humana son el resultado de aquello que, sin saber cómo, hace nuestro cerebro. En consecuencia, cada una de estas experiencias y cada detalle que las acompaña reflejan indirectamente miles de millones de procesos neuronales perfectamente orquestados cuya organización y función define la arquitectura que sustenta todo aquello que nos hace humanos tal y como entendemos al ser humano.

Obviamente, somos algo mucho más complejo que la consecuencia de un cerebro funcionando (si es que eso es poco complejo), como si se tratara de activar un aparato y dejarlo trabajar sin más. Así, en condiciones «normales», cuando nada altera el funcionamiento del cerebro, somos también la consecuencia de una compleja y constante interacción con el entorno, con un mundo cambiante de manera más o menos predecible que nos exige una continua anticipación y adaptación a toda esta serie de cambios y a todos los retos que se nos plantean. Por ello, incuestionablemente, también somos una consecuencia de nuestras experiencias y de cómo ellas han ido configurando esa biología que, en ausencia de un mundo estimulante, nunca hubiera llegado a ser nada. Una biología cuyo esquema fundamental es el resultado de millones de años de evolución, a lo largo de los cuales hemos acumulado algo así como *memorias tatuadas en nuestros genes* que rigen algunos de los procesos más básicos, pero fundamentales, como son nuestros miedos más ancestrales, nuestros deseos más primitivos y, por supuesto, esa ansia por vivir y sobrevivir que nunca deberíamos permitir que se pierda.

Este diálogo tan ancestral como cotidiano entre nuestra biología y nuestro mundo es en esencia lo que nos hizo y lo que nos mantiene humanos. Es lo que nos explica como individuos aislados y como entes sociales, y es lo que da lugar tanto a las ideas como a las palabras, la expresión artística, el sentido o experiencia de la emoción o nuestra capacidad para amar. Pero, irremediablemente, aunque sin los otros y sin todo lo que está ahí fuera no seríamos nadie, todo resultaría imposible si no fuera porque nuestro cerebro procesa y elabora toda esa ingente cantidad de información que le llega. Por ello, sin un cerebro trabajando correctamente, ni seríamos ni podríamos ser.

El cerebro humano es un órgano único que, como tantas veces se ha enfatizado, representa uno de los sistemas más complejos que existen en la naturaleza. Esta complejidad, así como las limitaciones que nos impone nuestra capacidad para comprender —que no es infinita—, son responsables de que hoy en día muchos aspectos relativos a cómo el cerebro da lugar a todo aquello que configura nuestra naturaleza sigan siendo un misterio. A pesar de ello, conocemos mucho mejor el funcionamiento del cerebro de lo que quizás la mayoría de la gente pueda pensar.

Este conocimiento nos permite entender muchas de las más devastadoras enfermedades y, entre otras cosas, cómo se configuran y cómo suceden muchos de los procesos de los que depende la expresión a través del comportamiento de todo aquello que somos. Ello nos ha permitido construir modelos fieles y congruentes con nuestra biología y con nuestra forma de entender la función cerebral que explican una parte importante de lo que somos y de por qué funcionamos como lo hacemos.

Lamentablemente, la complejidad del cerebro humano lo convierte también en un sistema extremadamente frágil y susceptible de *estropearse* de manera transitoria, progresiva o permanente y por una infinidad de causas. La alteración de la función cerebral como consecuencia de cualquier tipo de agresión, sea esta, por nombrar algunas posibilidades, un traumatismo, una intoxicación, un tumor, una hemorragia o un proceso neurodegenerativo, siempre, absolutamente siempre, desencadenará consecuencias más o menos evidentes en la expresión del comportamiento humano y de la cognición. De este modo, a estas alturas nadie cuestiona que las manifestaciones en forma de una flagrante desinhibición conductual en los pacientes con daño frontal, las alteraciones del lenguaje en pacientes con daño en territorios estratégicos del hemisferio izquierdo, o la pérdida de la movilidad de una parte del cuerpo tras un ictus son todas ellas consecuencias inequívocamente derivadas del daño cerebral.

Lo que quizás resulta más difícil de aceptar o de asumir con rotundidad es que todo lo demás, todo aquello que sentimos, experimentamos y hacemos en la más absoluta y cotidiana normalidad, también es en esencia un producto del cerebro. Lo que pasa es que el cerebro y sus funciones no se sienten, simplemente suceden, están ahí. No notamos absolutamente nada en nuestra cabeza cuando no nos sale una palabra que tenemos en la punta de la lengua, o cuando simplemente caminamos, o mientras de un modo totalmente automatizado vamos leyendo y comprendiendo este texto. No notamos el cerebro, pero somos el cerebro.

Como neuropsicólogo, he dedicado y dedico mi vida a evaluar las consecuencias que derivan de las más indeseables agresiones que le puedan suceder al cerebro humano y a estudiar y comprender cómo el daño en el cerebro explica estas consecuencias. Siempre defenderé que el mejor manual de neuropsicología que existe se llama *pacientes* y que ninguna aproximación nos ha podido enseñar más acerca del funcionamiento normal y alterado del cerebro humano que el estudio de personas afectadas por agresiones en su cerebro. Soy muy consciente de las limitaciones que tenemos en cuanto a nuestra capacidad de comprensión de la función cerebral y de su papel en la expresión de la cognición y del comportamiento humano. Por ello, siempre he insistido también en que al estudio del cerebro y de sus funciones hay que aproximarse con absoluta humildad.

Pero irremediablemente, como neuropsicólogo y persona curiosa que soy, más allá de lo que sucede en el entorno clínico de la consulta o en el hospital, a lo largo de mi vida no he podido evitar observar y analizar el mundo y aquello que somos desde la óptica, quizás sesgada pero sin duda alguna profundamente curiosa, de alguien que, en esencia, convive continuamente con el análisis y el estudio de la función cerebral y su expresión en forma de comportamiento. Evidentemente, esto no implica que no contemple el papel de muchas otras variables en la ecuación que nos hace ser como somos, pero precisamente, dado que el estudio de la enfermedad no solo nos cuenta mucho acerca de lo que sucede cuando el cerebro falla, sino también mucho acerca de cómo funciona un cerebro en la más absoluta normalidad, me apasiona intentar comprender el componente neuropsicológico que explica una parte de lo que somos.

Desde este lugar, desde la curiosidad neurocientífica y desde el conocimiento derivado de mi experiencia, no he podido evitar reflexionar e intentar dar algún tipo de respuesta a múltiples cuestiones cotidianas que nos plantea el comportamiento humano. De este modo, sin grandes pretensiones científicas, pero evitando siempre caer en afirmaciones absurdas y simplistas propias de la demasiado frecuente charlatanería del *neuroloquesea*, me ha parecido interesante compartir, de manera llana, los argumentos fundamentados en la neuropsicología y la neurociencia que de algún modo contribuyen a dar respuesta a toda una serie de cuestiones propias de nuestra vida cotidiana.

Puesto que también en la normalidad y no solo en la enfermedad somos indisociables de lo que hace nuestro cerebro, existe toda una *neuropsicología de la vida cotidiana* que define escenarios rutinarios que todos podemos experimentar y, a pesar de depender de múltiples factores, una parte de ellos se pueden conceptualizar y comprender desde una perspectiva centrada en el funcionamiento del cerebro humano en la más absoluta normalidad. Además, muchos elementos que configuran esta *neuropsicología de la vida cotidiana* en esencia son una consecuencia previsible de la función cerebral normal. Esta consecuencia no es otra que la susceptibilidad a que, ocasionalmente, algunos de nuestros procesos cerebrales fallen. Y es que la terriblemente compleja y frágil organización de sus funciones convierte al cerebro en un sistema susceptible de fallar en algún momento sin que estos fallos definan ni determinen un proceso patológico. De hecho, nuestro cerebro falla a menudo, quizás de un modo más obvio y persistente cuando lo exponemos a determinados detonantes como la fatiga, la falta de sueño o el estrés, entre otros, pero falla también de manera rutinaria en ausencia de claros factores desencadenantes.

La normalidad de las *anormalidades* transitorias y no patológicas de las funciones del cerebro es, en realidad, una característica más de nuestro ser. Estos instantes, más o menos persistentes en el tiempo y más o menos intensos, nos pueden sorprender, generar curiosidad e incluso asustar cuando, tras consultar al doctor Google, nos planteamos la duda de si serán parte de una enfermedad.

¿Dónde están las llaves? posiblemente refleje uno de los fallos cotidianos más universales: la desesperante experiencia de no encontrar algo que debía estar en su lugar. ¿Por qué sucede? Y, por supuesto, ¿qué pasa con todas esas otras pequeñas cosas? ¿Por qué ocasionalmente no encontramos algunas palabras, nos parece oír nuestro nombre cuando no hay nadie alrededor, olvidamos sucesos relativamente recientes o los recordamos de forma diferente a los demás? ¿Puede el cerebro normal contarnos algo acerca de ese evidente mal humor al volante, de algunas formas de maldad humana o incluso de las experiencias mágicas y sobrenaturales que tantas personas viven o creen haber vivido?

En este libro me he permitido desarrollar explicaciones fundamentadas en la neurociencia, la neuropsicología y en mi experiencia que, de un modo quizás un tanto sesgado por lo que configura el mundo que observo a través de mis lentes de neuropsicólogo, intentan dar alguna respuesta a toda una serie de preguntas que tienen que ver con fenómenos propios, de ahí el título *Neuropsicología de la vida cotidiana*. Muchas de estas preguntas forman parte de las interrogantes que me he ido planteando en innumerables ocasiones y otras son preguntas que han alimentado la necesidad de consultarlas con un profesional y que, por ende, en muchas ocasiones me he encontrado en consulta.

Puesto que no existe mejor manual que la realidad que ocupa a los pacientes, también me he permitido ejemplificar, en algunos puntos, el aspecto que adquieren las experiencias que están detrás de estas preguntas en un contexto de enfermedad y cómo se distinguen de las que tienen lugar en ausencia de patología.

Está claro que para muchas de estas preguntas ni yo ni nadie tiene todas las respuestas, y es que, a pesar de que las llaves de la casa siempre terminarán apareciendo, estamos lejos aún de poder encontrar las llaves que nos permitan explicar la totalidad del fenómeno, lo que nos hace ser lo que somos. Pero, mientras esto sea así, nos podemos permitir el lujo de pensar, de construir explicaciones fundamentadas en el conocimiento y el rigor, de equivocarnos y de seguir aprendiendo a través del método científico mientras observamos el mundo en el que vivimos.

Y es que, como dijo el brillante neuropsicólogo Robert K. Heaton, «la vida es un test neuropsicológico».

PRIMERA PARTE

LOS OLVIDOS COTIDIANOS

Uno de los motivos de consulta que nos llegan con mayor frecuencia tiene que ver con la impresión subjetiva de que falla la memoria. Lamentablemente, en no pocas ocasiones el examen exhaustivo de las personas con quejas subjetivas de pérdida de memoria o de quienes sus familiares tienen la impresión de que la memoria les está fallando deriva en el diagnóstico de procesos irreversibles que todos tememos profundamente. Somos nuestro conocimiento, una cascada de recuerdos actualizados continuamente al momento presente que dan coherencia al individuo y a la realidad que le rodea. Yo soy yo ahora, y ahora es hoy en este lugar, y este lugar lo conozco y por eso, aquí, hoy y ahora, me acompañan estas y no otras personas.

La desintegración de la memoria puede suceder a distintos niveles y como consecuencia del compromiso de diferentes procesos. No es lo mismo no poder acceder a un conjunto de recuerdos que están almacenados que haber perdido el almacén de los recuerdos. De igual modo, no es lo mismo confundir a una persona, un lugar o un momento por haber recordado como actual un evento pasado que transformar profundamente el instante en el que vivimos porque, en ausencia de recuerdo, nuestra mente haya fabulado una realidad de fantasía para dar sentido a ese instante.

La *anamnesis,* ese ejercicio de recopilación de información que hacemos con aquellas personas que nos consultan cuando empezamos la visita, nos aporta datos extremadamente valiosos acerca de la fenomenología o el aspecto que adquiere para el individuo que lo experimenta lo que nos intentan transmitir a través de las palabras. La experiencia, en muchas ocasiones, nos permite entrever ya durante esta fase de recopilación de información que el tipo de fenómeno que nos refieren no parece benigno. Pero, de igual modo, es frecuente que lo que nos cuentan las personas no anticipe malignidad desde la perspectiva de las enfermedades del cerebro y que, por el contrario, forme parte de procesos normales. Son experiencias molestas, que pueden llegar a preocupar, que no se explican desde la alteración cerebral mediada por la patología, pero que fácilmente se pueden entender desde la óptica de esos pequeños fallos del sistema que pueden estar propiciados por otros factores o simplemente suceder sin más.

Esto significa que, en efecto, muchos aparentes fallos de la memoria no tienen por qué ser necesariamente indicadores de una enfermedad. A pesar de ello, siempre defenderé que no se debe banalizar ningún signo potencialmente sugestivo de compromiso cerebral ni considerar, sin más, que todo es explicable como consecuencia de la edad. Por ello, tanto porque vale la pena valorar lo que se puede hacer para mejorar estos síntomas aun cuando suceden en ausencia de una patología cerebral, como porque en ocasiones, lamentablemente, anticipan el inicio de un proceso más complejo, siempre valdrá la pena consultar con un experto con el propósito de entender por qué está sucediendo lo que está sucediendo.

I

¿NOS CONOCEMOS?

Me considero un absoluto experto en tener una de las experiencias más vergonzosas y estresantes que se puedan vivir en cuanto a la interacción con otras personas. En infinidad de ocasiones, me he encontrado en esa situación tan común en la que alguien se nos acerca saludándonos por nuestro nombre con efusión mientras internamente nosotros lidiamos con, por un lado, un torrente de pensamientos en forma de «Rayos, pero ¿quién es? ¿La conozco? Me suena un montón... ¿pero de dónde la conozco?» y, por otro, con la selección de todo un repertorio de teatro con el cual conseguimos manejar y capear la situación simulando que sabemos quién es la persona que tenemos enfrente.

A lo largo de nuestra evolución nos hemos encontrado con distintos retos y peligros donde la capacidad de adaptación ha jugado un papel fundamental para propiciar la supervivencia de nuestra especie. La habilidad para reconocer con precisión y velocidad los elementos que nos encontramos en el mundo externo y para incorporar en nuestra memoria el conocimiento de lo que son las cosas que están ahí afuera ha constituido, sin duda, un factor crucial para nuestra supervivencia. Es fácil de entender: diferenciar una planta comestible de otra que no lo es o un animal potencialmente letal de otro inofensivo implica consecuencias más que obvias. Evidentemente, para llegar al punto de haber incorporado esta capacidad muchos tuvieron que sucumbir al experimento de prueba y error, pero esa es otra historia.

El conocimiento semántico, esto es, el saber o conocer el significado implícito en los conceptos y en los objetos, nos permite a todos saber que una casa es una casa y para qué sirve una casa, a la par que facilita a todo el mundo que al ver una cuchara sepan que se llama cuchara, para qué sirve y cómo se usa. Este proceso lo realizamos sin necesidad de profundizar, siempre y cuando la calidad del «estímulo» sea lo suficientemente buena. Si la cuchara es reconocible por su forma o porque hay suficiente luz en el entorno, en unos doscientos milisegundos nuestro cerebro la habrá reconocido. Esta brutal eficiencia es consecuencia de que las características esenciales que configuran aquello que con mayor probabilidad es una cuchara las hemos incorporado en nuestra memoria semántica. De este modo, cuando a lo largo de las primeras etapas del procesamiento visual empiezan a procesarse los atributos de lo que estamos viendo, por ejemplo, su configuración en el espacio y la forma que tienen, se activa en nuestra memoria semántica aquello que es más previsible o esperable que case con dichos atributos, en este caso, una cuchara. Curiosamente, en ausencia de un déficit visual, si una persona padece una lesión en alguna de las áreas cerebrales que contribuyen al procesamiento visual o en alguna de las estructuras que afectan a la memoria semántica, la persona verá el objeto, pero no podrá reconocer lo que es, dando lugar a un síntoma que denominamos *agnosia visual* y que es muy distinto a cuando la persona reconoce el objeto y sabe lo que es, pero es incapaz de acceder a su nombre.

Desde las etapas más iniciales de nuestra historia evolutiva hemos sido animales sociales que han convivido en grupo. Pero nuestra convivencia no ha sido nunca fácil y, precisamente, unos de los depredadores más obvios a los que se ha enfrentado, y sigue enfrentándose, el ser humano son otros seres humanos. Por ello, la capacidad de reconocer rostros humanos adquirió algo así como un lugar privilegiado en la configuración de la estructura y función cerebrales. Tanto es así que en la región inferior del lóbulo temporal derecho, en una estructura que denominamos *giro fusiforme,* existe una región —conocida como *giro fusiforme facial* — exclusivamente dedicada al procesamiento de las caras que conocemos. Este territorio cerebral tan especializado en el procesamiento de las caras permite que, en torno a los ciento setenta milisegundos tras exponernos a un estímulo cuyas características físicas integran los elementos propios de un rostro, el cerebro ya haya percibido un rostro y haya puesto en funcionamiento los procesos necesarios para reconocerlo. De este modo, rápidamente podemos acceder al significado del conjunto de atributos tales como si es hombre o mujer, si lo conocemos o no, si nos transmite confianza o no, etcétera. Del mismo modo que sucede con las agnosias visuales, la lesión selectiva del giro fusiforme facial da lugar a una curiosa manifestación neuropsicológica conocida como *prosopagnosia* y que básicamente se traduce en que las personas afectadas no son capaces de procesar las caras y, en consecuencia, experimentan los rostros más familiares como desconocidos e, incluso, no llegan a ver las caras como caras, sino como superficies lisas o descompuestas, mientras que pueden reconocer cualquier otro tipo de objeto sin problemas. Además, precisamente debido a la especialización del giro fusiforme facial en el reconocimiento de caras de manera automática, con suma facilidad, prácticamente nadie puede evitar ver caras en objetos que, en realidad, no lo son, pero que tienen elementos organizados de un modo parecido a una cara, dando lugar a lo que denominamos *pareidolias faciales*.

Este ejemplo ilustra el fenómeno de las pareidolias faciales. El objeto no es realmente una cara, pero la disposición de los elementos que lo componen hace que nuestro cerebro lo considere una cara.

¿Es por lo tanto el mecanismo que explica por qué en ocasiones no sabemos de dónde conocemos a una persona o cuál es su nombre algo similar a una forma de prosopagnosia? La respuesta es que no, o, al menos, habitualmente no.

Existen casos de prosopagnosia idiopática de nacimiento, es decir, sin que exista una causa conocida la persona presenta claramente un déficit para procesar y reconocer los rostros. Del mismo modo, se dan trastornos transitorios de la percepción de las caras en procesos como pueden ser ciertas formas de migraña o de epilepsia. Un ejemplo de ello lo viví hace algunos años estando de viaje, cuando, mientras hacíamos tiempo mirando la sección de meteorología en el televisor, mi gran amigo Carlos empezó a esbozar un rostro de asombro mientras miraba al hombre del clima, mientras hacía esta apreciación:

—¿Qué le pasa a este señor en la cara? ¡Tiene la cara muy rara...! ¿No lo ven?

Obviamente, las facciones del pobre hombre del clima eran absolutamente normales. Entonces Carlos añadió:

—¡Oh, me está volviendo a suceder como hace tiempo! Parece una cara pintada por Picasso... No tiene la nariz donde debe, los ojos se han movido... Está totalmente deformado.

Pocos minutos después, un tremendo dolor de cabeza se apoderó de Carlos. Era un aura en el contexto de un episodio de migraña que asociaba, antes de la aparición del dolor, una serie de alteraciones perceptivas a nivel visual.

Pero, habitualmente, sean prosopagnosias adquiridas tras un daño cerebral o en el contexto de un proceso neurodegenerativo, sean idiopáticas de nacimiento o sean trastornos transitorios de la percepción, en la gran mayoría de los casos de prosopagnosia se comparte un mismo fenómeno y es que, a través de las características de la voz, las personas reconocen a quien tienen enfrente. Justamente esto es algo que no nos sucede a los que con frecuencia lidiamos con el evento que he descrito al principio, además de que las caras y sus características las vemos perfectamente. Por lo tanto, esas experiencias tan habituales como estresantes de no saber quién es la persona que nos saluda no son prosopagnosias como tales.

Los seres humanos nos exponemos continuamente a una ingente cantidad de información que proviene tanto del contexto en el que nos desenvolvemos como de las imágenes, palabras, sensaciones e ideas que generamos en nuestra mente. Es evidente que el cerebro no procesa del mismo modo todos los eventos que suceden. Hacerlo supondría un esfuerzo inalcanzable que, sin duda, rápidamente saturaría el sistema. Por el contrario, los seres humanos tenemos la capacidad de seleccionar aquello que debe ser procesado con mayor profundidad y eso lo hacemos a través del despliegue de un proceso cognitivo bien conocido por todos: la atención.

Atender a un estímulo no es otra cosa que dirigir los recursos cognitivos disponibles a un elemento en particular mientras que el resto de los elementos del entorno se procesan de un modo más superficial. El ser humano, a diferencia de otros animales, tiene la capacidad de seleccionar y de mantener la atención sobre un estímulo de su elección, aunque, por más que nos esforcemos en ello, determinados sucesos en nuestro entorno, especialmente si son aparentemente relevantes, son capaces de provocar la reorientación involuntaria de nuestra atención sin que lo podamos evitar: la distracción. Por ejemplo, mientras estamos leyendo este texto mantenemos la atención dirigida al contenido de estas páginas y a las ideas que suscita lo que voy contando. Pero, si en este preciso instante sonara el timbre de la casa u oyéramos un grito de la calle, inevitablemente nuestra atención se redirigiría hacia esa situación novedosa.

Esta disposición para distraernos de manera inevitable a pesar de estar controlando nuestra atención sugiere que existen otro tipo de procesos atencionales distintos de los que controlamos voluntariamente que, por su cuenta, evalúan sin que seamos conscientes de ello lo que está sucediendo fuera de nuestro campo atencional. De este modo, como si de un supervisor se tratara, mientras estamos inmersos en determinadas tareas que requieren el despliegue de grandes recursos cognitivos no dejamos de supervisar a otro nivel lo que va sucediendo ahí fuera. Se trata de un claro sentido adaptativo, porque invertir ingentes recursos cognitivos sobre un estímulo en concreto nos convertiría en una presa demasiado fácil si ello implicara dejar de atender todo lo demás.

La supervisión atencional por debajo del nivel o del umbral de la consciencia explica dos fenómenos relativamente habituales que, por qué no, forman también parte de la neuropsicología de la vida cotidiana. Este sistema de supervisión atencional está formado por un conjunto de estructuras cerebrales que configuran lo que denominamos *red atencional ventral*. Dado su carácter primitivo y su función de supervisión y alerta, este sistema o red atencional no participa activamente y de manera elaborada en la reconstrucción del significado de los estímulos que recibimos. Ello significa que esta forma de atención inmediata se da en ausencia de reconocimiento explícito de lo que ha sucedido o de lo que nos ha distraído, pero, en contraposición, nos hace reaccionar con suma velocidad a un eventual peligro. Y es que invertir tiempo reconociendo, valorando o evaluando riesgos, beneficios u opciones resulta poco adaptativo cuando el peligro es real e inminente. Es por ello por lo que, por ejemplo, las madres primerizas son capaces de dormir plácidamente aun cuando una infinidad de ruidos ametrallan sus oídos, o son capaces de mantener la atención en la lectura o en una serie aun cuando su bebé no hace más que corretear revolviendo toda la casa. Pueden mantener el sueño o la atención sin dificultad, pero el mínimo sonido que sugiera que algo pasa con el bebé, sea el inicio de un llanto o un sonido fuera de la caótica pero regular tormenta de ruidos que realizaba este, movilizará inmediatamente todos sus recursos o la despertará de golpe. Por otro lado, posiblemente a todos alguna vez nos haya sucedido que, por ejemplo, mientras nos manteníamos dedicados a una tarea rutinaria y centrábamos en ella nuestra atención, como sacar los platos del lavavajillas o caminar leyendo algún mensaje en nuestro celular, hemos esquivado con una agilidad increíble que incluso nos ha hecho pensar que somos *ninjas* la esquina de una puerta abierta de la alacena o el canto de una señal de tráfico a la altura de nuestra cabeza. ¿Quién lo ha esquivado, si estábamos prestando atención a otra cosa? Obviamente, nosotros, pero no desde la consciencia, sino a través de este sistema atencional supervisor primitivo que desencadena la movilización de los recursos necesarios para evitar hacernos daño aun cuando no hemos llegado a ser conscientes de qué era lo que nos podía hacer daño.

¿Y qué tiene que ver todo esto con la maldita experiencia de no recordar el nombre de esa persona? Pues tiene mucho que ver, puesto que, en la mayoría de los casos, el elemento o proceso central que explica este fenómeno es, en esencia, la atención.

Para que la información que existe en el mundo externo llegue de algún modo a convertirse en un recuerdo es necesaria toda una serie de pasos o procesos sustentados por distintos sistemas neuronales. Si todo ello sucede, construiremos y almacenaremos una nueva forma de conocimiento que, *a priori*, estará disponible para ser recuperada en otro momento en forma de recuerdo. Pero, para que todos estos procesos puedan realizar su trabajo, existe un paso previo indispensable: no podemos aprender aquello a lo que no prestamos atención y la profundidad con la que procesamos aquello a lo que atendemos juega un papel central en la calidad de la información almacenada y en el recuerdo.

Muchas personas acuden a nuestra consulta refiriendo problemas de memoria que básicamente describen como episodios en los que «no sé de dónde conozco a la persona» o fenómenos similares del tipo «es que a veces mi jefe me dice que tengo que hacer algo y luego me doy cuenta de que se me ha olvidado». En muchos de estos casos, cuando tenemos claro que no hay otros problemas relacionados, suelo explicar a las personas que los refieren que para que el olvido se produzca como tal debe cumplirse una premisa fundamental: la información debe haber sido previamente almacenada. Esto significa que, en muchos casos, la impresión de olvido es solo eso, una impresión, puesto que, en realidad, la información que creemos haber olvidado nunca se aprendió y, precisamente, no se aprendió porque no se le prestó suficiente atención.

Las relaciones interpersonales, la vida social y el tipo de interacción que mantenemos los seres humanos en las sociedades occidentales constituyen básicamente una tormenta de estímulos provenientes de una infinidad de contextos distintos. Están las personas que forman parte de nuestro círculo habitual, las que formaron parte de una parcela de nuestra vida hace tiempo, luego están las que trabajan con nosotros, las que conocemos espontáneamente, las que nos presentan los amigos o las que coinciden con nosotros en una reunión. Todas estas personas nuevas se presentaron o nos las presentaron, nos dijeron sus nombres e incluso interactuamos con ellas. Pero en muchos casos, seamos sinceros con nosotros mismos, estábamos pendientes de otras cosas y desplegamos una cadena automática de buenas maneras y de conducta socialmente aceptable para, simplemente, no quedar mal.

La memoria episódica, esa capacidad que tenemos para aprender momentos, lugares, emociones, detalles o el contexto en el que sucedieron determinados eventos o episodios de nuestra vida, emplea distintos elementos para construir y recuperar los recuerdos. Uno de los más obvios, además del contenido emocional, es el contexto. De este modo, es más fácil recordar a algunas personas cuando las situamos en un contexto, a la par que nos resulta más fácil acceder a ciertos recuerdos, por ejemplo, el nombre o el tono de una canción, recordando quién la cantaba o dónde la escuchamos por última vez.

En muchas ocasiones, a estas personas que de pronto tenemos delante de nosotros sin saber quiénes son ni cómo se llaman las conocimos en un contexto totalmente distinto al que de pronto nos ocupa. En ausencia de estas pistas contextuales, a pesar de que por el buen trabajo realizado por nuestro giro fusiforme facial y por los sistemas de aprendizaje más primitivos nos resultan familiares, somos incapaces de recordar quiénes son. En estos casos, si hacemos un valiente ejercicio de sinceridad y le reconocemos a la persona que no nos acordamos de ella y esta persona nos empieza a dar pistas, podemos ir descubriendo poco a poco cómo la vamos situando en algún lugar de nuestra memoria episódica y también cómo, a pesar de que algunos elementos como su nombre sigan sin aparecer (porque jamás los aprendimos), empezamos a poder ubicar a esa persona en un momento de nuestra vida.

Además, la información tiende a distorsionarse y a olvidarse conforme pasa el tiempo, especialmente cuando no es relevante o cuando no se usa. Así, sin el refuerzo que supone ir reactivando un recuerdo, es fácil que este se vaya fragmentando y difuminando conforme pasa el tiempo. Dicho de otro modo, si no alimentamos nuestros recuerdos recordándolos, es fácil que terminen por desaparecer. Y esto es relevante en el caso que nos ocupa, puesto que, en muchas ocasiones, a la persona en cuestión cuyo nombre no recordamos no la hemos recordado nunca más después de esa primera o quizás única interacción. Exponernos de nuevo a ella y sentir cierta familiaridad, en ausencia de un recuerdo elaborado, nos provoca extrañeza, cuando la realidad es que, atendiendo a que nunca volvimos a alimentar el recuerdo de esa persona, no recordarla bien es lo más normal del mundo.

Evidentemente, vale la pena recalcar que el modo como vivimos y hacemos frente a un entorno que nos bombardea continuamente con estímulos no facilita para nada el trabajo a nuestra limitada capacidad atencional y, en consecuencia, eso tiene un aparente impacto en nuestra memoria, a pesar de que esta funciona perfectamente.

De hecho, a diferencia de lo que mucha gente suele pensar, la memoria no es selectiva. Cuando existe algún proceso serio que compromete los sistemas neuronales que sustentan la capacidad de aprender y de recordar, los fallos de memoria los vemos en múltiples esferas de la vida de la persona y de manera persistente. Lo que difícilmente sucede es que la memoria fracase espontáneamente o solo en determinadas situaciones, como podría ser para reconocer las caras de algunas personas.

Entonces, ¿qué podemos hacer para evitar estos aparentes fallos de la memoria? En esencia, ser conscientes de que la atención juega un papel central en la formación de la memoria y que, por ello, si no nos aseguramos de haber procesado con una mínima profundidad la información, convertimos el proceso en algo fácilmente susceptible de fracasar.

—Pero, doctor... ¡A mí esto antes no me pasaba!

—Claro, no le pasaba cuando no convivía con una cantidad ingente de estímulos a su alrededor y con múltiples variables que fácilmente comprometen la ya de por sí limitada capacidad de nuestra atención, como son la fatiga, el estrés, el descansar mal y el hacer o estar pensando en más de mil cosas a la vez.

A pesar de la habitual benignidad de este fenómeno, en ocasiones tanto los olvidos selectivos de personas, de palabras o de lugares, como, al revés, la aparente gran facilidad para reconocer a mucha gente reflejan un proceso patológico de base.

Hace algunos meses, visité a un importante notario de Barcelona. Era un hombre joven, que se había esforzado bastante para aprobar los exámenes de notario a una edad que ya quisieran muchos. Por lo tanto, resultaba incuestionable que era una persona con una capacidad cognitiva y un funcionamiento de la memoria posiblemente excepcionales desde siempre. Pero, desde hacía algunos meses, presentaba algunos episodios que describía como fenómenos de amnesia para sucesos muy concretos y autolimitados en el tiempo. Por ejemplo, había viajado hacía un par de años a Nápoles y recientemente, por motivos lúdicos, volvió a viajar a la misma ciudad con sus amigos, quienes se quedaron sumamente extrañados cuando les dijo:

—¡Qué bien ir a Nápoles! Es una ciudad que siempre he pensado que me encantaría conocer.

Por algún motivo que posteriormente descubriríamos, el evento «viaje a Nápoles» se había evaporado de su memoria. Este mismo fenómeno había ido sucediendo con otros acontecimientos más o menos relevantes, dando lugar a algo que él dibujó en una hoja de papel y que ayudaba mucho a entenderlo. Trazó una línea y dijo que eso era el tiempo, y segmentó esa línea en espacios más o menos largos de tiempo, algunos podían ser horas; otros, días; otros, segundos. Dibujó parcelas de distinto tamaño que representaban situaciones de su vida que habían sucedido a lo largo del tiempo, luego tachó algunas de estas parcelas y explicó:

—Esto es lo que me pasa, algunos eventos han desaparecido completamente.

Además de hacer referencia a estos sucesos, explicaba que, en paralelo, había ido presentando otro tipo de episodios igualmente autolimitados en el tiempo, de segundos de duración, que se caracterizaban por una sensación de desconexión, por ser incapaz de hablar y de pensar durante algunos segundos, sin perder el conocimiento, pero volviendo a la normalidad en un estado entre el estupor, la angustia y la completa desubicación que poco a poco iba desapareciendo.

En realidad, estos episodios eran crisis parciales, una forma de epilepsia que se le presentaba inicialmente en el lóbulo temporal y que extendía su actividad hacia las áreas frontales, pero sin llegar nunca a desencadenar las crisis tónico-clónicas que mucha gente identifica cuando piensa en una crisis epiléptica. Estas crisis estaban sucediendo en una región crítica en lo relativo a la formación y la recuperación de los recuerdos. Ello hacía pensar que, posiblemente, alguna de estas crisis había propiciado la desintegración de los recuerdos o la posibilidad de acceder a ellos sin alterar la configuración de todo lo demás. En esencia, lo que le sucedía a esta persona forma parte de los fenómenos que conocemos como *déjà vu* y que más adelante comentaré. A diferencia de esa típica sensación de «ya vivido» que acompaña a lo que llamamos *déjà vu*, lo que esta persona experimentaba era una forma conocida como *jamais vu*, que básicamente define la experiencia de no recordar haber vivido o visto algo que, en realidad, sí que se ha vivido.

Un fenómeno muy distinto, al que nadie había dado demasiada importancia, es el que me presentó otro paciente aquejado por lo que parecía ser el principio de un proceso neurodegenerativo. Del conjunto de síntomas que su esposa me estuvo explicando de manera espontánea, y tras mis preguntas específicamente dirigidas, había uno en particular que era muy curioso. Partiendo de la premisa de que no es infrecuente que en determinados procesos neurodegenerativos se desarrolle prosopagnosia, pregunté por este síntoma. Pero la respuesta de su esposa fue la siguiente:

—¡Para nada, doctor! No es que no reconozca o no recuerde a la gente... ¡Es que saluda a todo el mundo porque cree que los conoce!

En efecto, presentaba una evidente hiperfamiliaridad con respecto a los desconocidos y experimentaba con total convicción el sentimiento de que conocía a todas las personas. De hecho, me explicaron que, de camino a la consulta, mientras esperaban en un semáforo, empezaron a bajar decenas de turistas de un autobús y él se dedicó a saludarlos a todos efusivamente como si los conociera de toda la vida. Este síntoma, conocido como *trastorno de hiperfamiliaridad para rostros*, es una manifestación poco frecuente, pero cuando se presenta suele ser secundaria al compromiso de ciertas regiones del lóbulo temporal, y es por ello que puede observarse con mayor frecuencia en ciertas formas de epilepsia del lóbulo temporal o en procesos neurodegenerativos con afinidad a esta región cerebral.

Ambos escenarios describen realidades muy distintas a las que, de manera totalmente benigna y aunque nos puedan llegar a preocupar, suceden en muchos casos como consecuencia de los fallos relativos a los procesos atencionales y cómo ello repercute sobre la calidad de los recuerdos. No estamos hechos para conocer ni mucho menos para recordar a todas las personas con las que interactuamos. De hecho, resulta tranquilizador pensar que, en muchas otras ocasiones, nosotros hemos sido para los demás ese rostro desconocido. Normalizar las limitaciones de nuestro funcionamiento neuropsicológico no debería suponer un problema, sino todo lo contrario, debería permitirnos desplegar recursos para compensar estas limitaciones.

Así que, en mi caso, en determinadas ocasiones me permito el lujo de avisar a las personas que me presentan o con las que convivo durante algunos días de que existe una alta probabilidad de que cuando los vea de nuevo en otro contexto no me acuerde de quiénes son. Da la misma vergüenza, pero lo vivo como algo menos traumático.

2

EN LA PUNTA DE LA LENGUA

No en pocas ocasiones todos experimentamos la estresante sensación de saber que sabemos algo, por ejemplo, el nombre de una persona o de una canción o de un lugar, pero no somos capaces de dar con ello. Este fenómeno, tan universal como cotidiano, se denomina *presque vu* o fenómeno de «punta de la lengua», o TOT, del inglés *tip of the tongue*.

Tal y como ya se ha descrito, una cosa es haber incorporado información en nuestros sistemas de memoria y otra distinta ser capaces de acceder a esa información y recuperarla en forma de recuerdo. En esencia, muy *grosso modo*, el mecanismo central que explica el fenómeno de TOT es un fallo en los procesos que determinadas regiones de la corteza prefrontal desempeñan en cuanto al acceso y recuperación de la información almacenada.

El contenido que incorporamos en nuestra memoria en forma de conocimiento no se organiza de cualquier modo. La información se agrupa siguiendo una sorprendente coherencia.

Haciendo una analogía soberanamente simple, uno puede imaginarse que la facilidad que tenemos para encontrar las distintas prendas de ropa en nuestro ropero depende de la capacidad que tenemos para ordenar y almacenar estas en los espacios que les corresponden siguiendo una lógica. De este modo, si guardáramos los calcetines con las camisas, no encontraríamos los calcetines con facilidad. Paralelamente, si tenemos dos calcetines parecidos en el cajón, es fácil que encontremos un par de ellos cuando, en realidad, buscamos los otros. De un modo similar, la información que incorporamos se organiza en módulos que conforman algo así como un gran entramado de redes y ramificaciones donde conceptos o palabras que mantienen cierta relación se agrupan en nodos próximos, mientras que otros conceptos o palabras distintas se agrupan en nodos alejados. Cuando hablamos de lenguaje y de palabras, nos referimos a una red denominada *lexicón*.

Uno de los mecanismos esenciales, pero no el único, de organización de los conceptos en este entramado son las categorías semánticas. De este modo, conceptos semánticamente relacionados como pueden ser distintos tipos de muebles (por ejemplo, silla y mesa) y luego muebles relacionados en función de su utilidad (por ejemplo, silla y sofá) o disposición en la casa (por ejemplo, ropero y cama) se agrupan de manera más o menos próxima. Así, si a una persona le pedimos que durante un minuto nos vaya diciendo nombres de animales que conoce, veremos cómo espontáneamente tiende a nombrar —es decir, a recuperar de su memoria— grupos de animales organizados en categorías o *clusters*. Por ejemplo: «perro, gato, loro, perico, avestruz, tigre, león, hiena, elefante, ballena, tiburón, conejo, pollo, cerdo...». Aunque parezca una lista aleatoria de nombres de animales, estos se agrupan en primer lugar por una categoría que corresponde con animales domésticos, luego aves, después animales de la sabana, pasando por animales marinos y finalmente de granja.

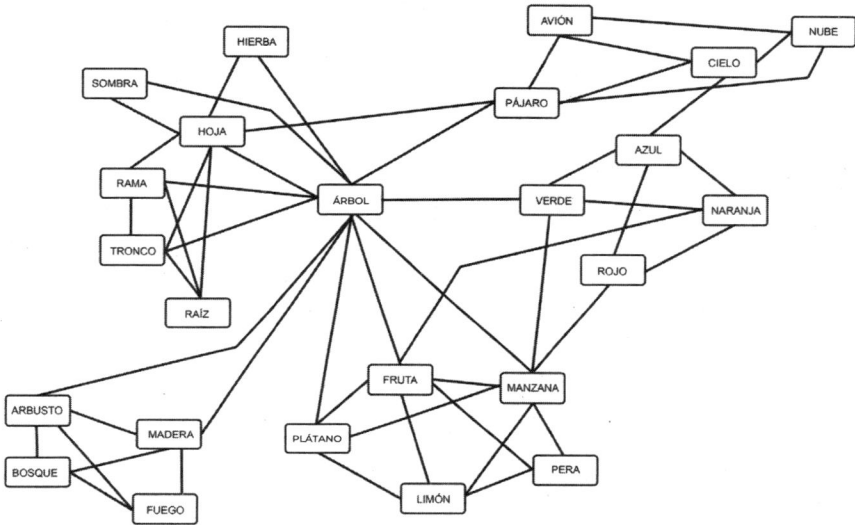

La figura muestra la representación gráfica de la estructura del lexicón mental. En este ejemplo, las palabras se agrupan por categorías semánticas más o menos cercanas, pero el lexicón mental también agrupa las palabras por otras categorías como, por ejemplo, la letra por la que comienza la palabra.

La facilidad para ir accediendo a estos nombres de manera espontánea responde en esencia a cómo se organiza la información en nuestra mente. Pero las categorías semánticas no son el único mecanismo que contribuye a la organización de la información con el propósito de facilitar el acceso a esta y su recuperación. Las palabras también se agrupan y relacionan en función de sus características fonológicas (por ejemplo, Paco, palo y pato), similitud en el significado (por ejemplo, bueno y óptimo) y otras características, como la organización episódica, basada en la proximidad de una palabra o concepto con un evento o persona en particular. De este modo, ciertos nombres cuya frecuencia de uso ha sido más elevada en un determinado contexto se almacenan igualmente próximos a otros elementos propios de ese mismo contexto.

En consecuencia, esta organización compleja pero coherente facilita el acceso rápido a la información acorde a una lógica similar a la que caracteriza el orden de un ropero. El problema radica en que, tal y como introducimos al principio, el cerebro falla, especialmente cuando le complicamos un poco el trabajo.

En determinados momentos, en un contexto de la más absoluta normalidad, es fácil que este proceso automático de acceso y de recuperación de la información pueda fracasar momentáneamente dando lugar al fenómeno TOT. Una posibilidad que se contempla para explicar este fenómeno tiene que ver con que, precisamente, y debido a la proximidad de ciertas palabras o conceptos en nuestros sistemas de almacenes (dos pares de calcetines parecidos), se facilita una interferencia entre ellos, propiciando que la palabra deseada no llegue al plano de la consciencia y, por lo tanto, no se pueda verbalizar. Este modelo presupone que, por ejemplo, dos palabras o conceptos pueden competir durante el proceso de evocación, haciendo que la activación de una de las palabras impida la activación y correcta recuperación de la que estamos buscando. Esto explicaría cómo o por qué cuando experimentamos el TOT habitualmente nos vienen a la cabeza otras palabras, en cierta medida parecidas a la que estábamos buscando.

Otra posibilidad que no es incompatible con la anterior tiene que ver con el uso inadecuado que los procesos de acceso y recuperación de la información pueden hacer de las pistas disponibles. Por ejemplo, la búsqueda de la información en nuestra memoria puede verse guiada por una pista tipo «empieza con la letra P», que puede tratarse de una pista incorrecta cuando la palabra, en realidad, no empieza con la letra P. Ello da lugar a un fenómeno que también podremos reconocer fácilmente por haberlo experimentado durante los episodios de TOT. Es ese instante en que te dices a ti mismo: «Sí, hombre, ¿cómo es esa palabra? Empieza con la P...». El problema radica en que, habitualmente, en el fenómeno TOT, la palabra que buscamos no empieza con la letra P, aunque tenemos la sensación de que sí. Esta confusión dificulta aún más si cabe el proceso de acceso al concepto correcto que estamos buscando, puesto que, al no empezar con la P, no activamos la palabra que debe ser recuperada.

Algo que resulta bastante evidente es que, conforme nos alejamos o disminuimos la intensidad con la que buscamos la palabra, más fácil es que esta aparezca espontáneamente. Ello refuerza la idea relativa al fracaso de los procesos de acceso y recuperación de la información durante los fenómenos de TOT, especialmente cuando los guiamos a voluntad de manera ineficiente; como descubrimos *a posteriori*, cuando los dejamos funcionar por su cuenta resultan infinitamente más eficientes.

Sea como sea, hay un elemento fascinante relativo al fenómeno TOT y es que este refleja que, en esencia, tenemos una consciencia y conocimiento no verbal o preverbal desde donde sabemos perfectamente qué es lo que estamos buscando, y tenemos la experiencia del conocimiento o del significado de aquello que buscamos, pero la ausencia completa de la palabra. Este fenómeno puntual es el que, en determinados trastornos del lenguaje secundarios a una lesión o compromiso cerebral, caracteriza algunas formas de afasia. A pesar de que existen distintos tipos de afasia que pueden comprometer de un modo u otro la expresión y comprensión del lenguaje, así como el conocimiento semántico, en algunas formas de afasia, en ausencia de lenguaje expresivo, los pacientes siguen conociendo perfectamente el significado y, a pesar de no poder elaborar lenguaje, pueden pensar a la perfección.

A lo largo del envejecimiento suceden cambios evidentes en nuestra biología que inevitablemente no solo afectan a nuestra piel, agudeza visual o agilidad motora, sino que también afectan al modo como funciona nuestro cerebro. Estos cambios, a diferencia de los que acompañan a los procesos patológicos, no repercuten de manera persistente ni significativa en la capacidad de desenvolvernos en el día a día y es por ello que constituyen una consecuencia natural del envejecimiento. De entre los múltiples procesos cognitivos que de un modo natural y no patológico se ven afectados por los efectos deletéreos del envejecimiento, incuestionablemente los procesos de acceso y de recuperación de la información se sitúan en las primeras posiciones. Es por ello por lo que tanto los fenómenos TOT como cualquier fenómeno relativo a dificultades para recordar algo, a pesar de que *a posteriori* se pueda confirmar que no se había olvidado, son claramente más frecuentes conforme vamos envejeciendo.

Estos procesos de acceso y de recuperación de la información tienen una clara dependencia de determinadas regiones del lóbulo frontal y, por lo tanto, en esencia forman parte de los procesos que incluimos dentro de lo que denominamos *funciones frontales*. Estas funciones son posiblemente las más sensibles o susceptibles de verse alteradas como consecuencia de una infinidad de mecanismos que para nada constituyen una patología. Por ejemplo, la falta de sueño, el estrés, la ansiedad, el malestar físico, el hambre y un largo etcétera son variables capaces de alterar algunos procesos claramente dependientes de la función frontal y de precipitar que ocurran con mayor frecuencia todo este tipo de fenómenos relativos a las dificultades de acceso y de recuperación de la información. En estos casos benignos, a diferencia de lo que solemos ver en las formas severas de compromiso de la memoria o de pérdida de conceptos o de capacidad para denominar objetos y personas, se produce un retraso, un enlentecimiento. Mientras que en determinados cuadros patológicos, por más que nos esforzásemos, la persona jamás podría recuperar la palabra «lápiz» o «eso que tenía que hacer», en los procesos benignos al final la palabra aparece y, con o sin ayuda, ese suceso que parecía olvidado de pronto se recuerda.

Lamentablemente, el deterioro progresivo en la capacidad para denominar objetos o para acceder al significado de las cosas puede definir algunos cuadros neurodegenerativos cuyas características centrales son en esencia el desarrollo progresivo de un trastorno del lenguaje. Mientras que los fallos o las dificultades más o menos recurrentes en el acceso a algunas palabras pueden ser considerados en la mayoría de los casos un fenómeno totalmente benigno y habitualmente transitorio, la presentación cada vez más persistente de problemas evidentes para encontrar los nombres o para acceder a su significado puede formar parte del cuadro clínico inicial de las enfermedades que conocemos como afasias progresivas primarias y de algunas formas de presentación de la enfermedad de Alzheimer. Este tipo de procesos se suelen acompañar de otras manifestaciones que pueden pasar relativa o totalmente desapercibidas para la persona o la familia, pero que por fortuna son bastante fáciles de detectar a través de la exploración neuropsicológica, aunque esto no es necesariamente tan obvio en las fases más iniciales de estas enfermedades.

Como comenté con detalle en mi libro *Cerebros rotos* en el caso titulado «Una cacarataca», hace algún tiempo visité a una señora cuya única queja era esta habitual impresión de tener más dificultades que antes en encontrar el nombre de las cosas. *A priori*, en el contacto inicial y hablando con ella, no había nada que nos permitiera anticipar que pudiera estar sucediendo algo relevante a nivel cerebral. En contraposición, la exploración neuropsicológica permitía objetivar una concatenación de errores durante los intentos de encontrar los nombres de una serie de objetos que le fui presentando, lo cual sugería un compromiso mucho más allá de lo previsible en ausencia de enfermedad. El estudio de resonancia magnética que se le practicó mostró una clarísima atrofia o pérdida de volumen cerebral eminentemente circunscrita a la región más anterior de su lóbulo temporal izquierdo. Conforme pasaron los meses, su capacidad para encontrar los nombres no solo empeoró, sino que se añadieron evidentes dificultades para comprender las relaciones semánticas entre palabras o conceptos, por ejemplo, la relación entre una silla y una mesa. Estas manifestaciones, junto con los hallazgos en la prueba de neuroimagen realizada, apoyaron el más que probable diagnóstico de una forma semántica de afasia progresiva primaria. Esta enfermedad forma parte del espectro de un conjunto de enfermedades neurodegenerativas que catalogamos como degeneraciones fronto-temporales y que, en función de las regiones cerebrales que se vean comprometidas, dan lugar a unas u otras manifestaciones clínicas y a unos u otros signos de desintegración del lenguaje, entre ellos, la progresiva pérdida de la capacidad para encontrar las palabras.

El hecho de que ocasionalmente nos cueste encontrar algunas palabras muy difícilmente puede sugerir un proceso patológico de base en ausencia de otras dificultades. Por el contrario, atendiendo a la susceptibilidad de ciertas funciones frontales a verse parcialmente comprometidas por otros factores, resulta totalmente recomendable observar si se está conviviendo con alguno de estos factores potencialmente tratables que en la gran mayoría de los casos están detrás de estas dificultades.

3

¡NO FUE ASÍ!

En torno a las 18:23 h del 23 de febrero de 1981, mientras se estaba llevando a cabo la votación para la elección del presidente del Gobierno, se produjo el histórico intento de golpe de Estado liderado por el general Antonio Tejero y un grupo de guardias civiles que, bajo su mando, irrumpieron armados en el Congreso de los Diputados.

De ese suceso existen icónicas imágenes que todos podemos identificar fácilmente con ese acontecimiento como, por ejemplo, el perfil del general Tejero, su tricornio, brazo alzado y revólver en mano, así como el famoso grito de: «¡Quieto todo el mundo!».

Por aquel entonces aún faltaban cuatro meses para que yo naciera, de modo que es imposible que recuerde haber vivido ese evento. Las generaciones que nos siguen obviamente lo conocerán solo por los libros de historia, pero nuestros padres y abuelos vivieron en primera persona esas horas cruciales.

Para mucha gente que vivió ese momento resulta más que evidente y veraz el recuerdo de ver en el televisor y en directo esas icónicas e históricas imágenes que he descrito. Lo sorprendente es que, a pesar de ser un recuerdo persistente en el imaginario de muchas de las personas que en efecto vivieron ese momento, las imágenes televisadas del golpe de Estado jamás se emitieron en directo. Entonces, ¿por qué lo recuerdan? Aunque cueste aceptarlo, lo recuerdan porque muchas personas han elaborado un falso recuerdo sobre ese evento, una distorsión de la memoria.

Si pensamos en la posibilidad de evocar nuestras historias pasadas y transformarlas en algo totalmente distinto de lo que fueron, parecería razonable considerar que eso solo pueda suceder en el contexto de alguna terrible enfermedad cerebral. Pero la realidad es que la falsificación y distorsión de los recuerdos no es solo un fenómeno normal, sino que sucede continuamente. Evidentemente, existen formas y formas de distorsión de los recuerdos. En determinadas condiciones se producen falsificaciones tan exageradas de la memoria que suponen un gran impacto en la vida de la persona y que definen un síntoma conocido como *confabulación* que incuestionablemente refleja un daño o compromiso a nivel cerebral. Pero lo cierto es que, al margen de esta obviedad, en esencia nuestros recuerdos reflejan una realidad muy distinta a la que sucedió y, por lo tanto, son en gran medida parcialmente falsos.

La analogía del ropero que previamente he utilizado adolece de simpleza, porque no tiene en cuenta un elemento central en cuanto a las características de la información que almacenamos en forma de recuerdos y el papel que ello juega en la tendencia a transformarlos. En esencia, la memoria no es una fotografía o imagen de la realidad externa que hemos incorporado en algo parecido a un ropero o almacén ubicado en nuestro cerebro. La imagen calcetín no se almacena como una fotografía de un calcetín en nuestra memoria. Para que la información del mundo externo pueda incorporarse en nuestra mente en forma de memoria debe codificarse. Ello significa que, de algún modo, esa información externa debe transformarse en un código, un lenguaje capaz de ser procesado por parte del cerebro. Este proceso de transformación convierte los sucesos externos en una cascada de sinapsis que actúan como un código que el cerebro es capaz de manejar. Es algo que nos podríamos imaginar como el lenguaje binario de las computadoras, donde una fotografía que vemos en la pantalla como un paisaje precioso en los sistemas de memoria de la computadora es únicamente una secuencia de 0 y 1. Por lo tanto, si nuestros recuerdos son un código, el recuerdo, como proceso, requiere que este código se transforme de nuevo en algo coherente, sea esto una imagen, una palabra o un concepto que experimentamos de manera consciente y que se parece a la realidad.

Imaginémonos la típica escena de película de ciencia ficción donde unos individuos pretenden teletransportarse de un lugar a otro empleando algún tipo de máquina imposible ubicada en dos lugares distintos del mundo. En esta escena, la persona accede a una de las máquinas, aparecen luces y sonidos estrambóticos y de pronto reaparece a miles de kilómetros en otra máquina: se ha teletransportado. Esta idea fantástica supone que, tras acceder a la primera máquina, el cuerpo físico se transforma en otra cosa, capaz de viajar de un lugar a otro para, una vez llegado a la siguiente máquina, recomponerse de nuevo en su forma física original. En este punto, uno podría imaginarse que, si durante el proceso inicial o en el posterior de reconstrucción de la forma física original fallara algo, el cuerpo físico podría presentar un aspecto distinto, pero similar al original.

Esta idea, obviamente imposible, es útil para simplificar una parte esencial en cuanto a los mecanismos que rigen la transformación involuntaria y cotidiana de nuestros recuerdos. Al no tratarse de acceder a un cajón de los recuerdos donde almacenamos fotografías, sino de reconstruir miles de sinapsis en forma de un recuerdo, muchas cosas pueden fallar o verse condicionadas durante este proceso de transformación. Estos fallos, previsibles, provocarán la modificación con respecto al contenido original, pero, en tanto que esta será la única muestra de la experiencia pasada de la cual dispondremos, experimentaremos este recuerdo y esta vivencia como totalmente veraz. Esto es, al no disponer en nuestra memoria de la fotografía original, experimentamos nuestra memoria como algo totalmente fiel a la realidad. Algo que, por supuesto, en muchas ocasiones podemos descubrir que no es así, cuando surge la posibilidad de comparar nuestro recuerdo con la realidad, por ejemplo, al volver a ver un cuadro o un paisaje que recordábamos de una determinada manera y que, al exponernos de nuevo a ello, descubrimos sorprendidos que «yo no lo recordaba así». Algo similar a lo que nos sucede cuando comparamos nuestros recuerdos con terceras personas que vivieron un mismo suceso con nosotros y nos sorprendemos porque lo recordamos distinto.

Antes de que a finales del siglo XX y principios del XXI se produjese la expansión de los modelos cognitivos que actualmente empleamos para estudiar y comprender los procesos que rigen el funcionamiento de la mente humana, el psicólogo británico sir Frederic Charles Bartlett ya había identificado experimentalmente una serie de fenómenos relativos al recuerdo que tienen mucho que ver con la transformación de la memoria y con la falsificación de los recuerdos.

Bartlett empleó una historia inventada, conocida como *La guerra de los fantasmas,* para estudiar cómo las personas recuerdan y reconstruyen las historias que incorporan en su memoria, así como el efecto que la cultura y las creencias tienen sobre este proceso. Durante el experimento diseñado por Bartlett, se narraba en voz alta a un conjunto de voluntarios el texto que compone *La guerra de los fantasmas*. Este texto incluye toda una serie de elementos ajenos a los rasgos culturales esenciales de los oyentes, además de ser extraño en cuanto a su forma y contenido. A los voluntarios que participaron en el estudio se les pidió que recordaran la historia en distintos momentos cada vez más alejados en el tiempo.

El hallazgo más relevante de este trabajo fue que de un modo cuasi universal, conforme los voluntarios iban recordando la historia en distintos puntos temporales, tendían a omitir y transformar de manera muy parecida todo un conjunto de elementos de la historia. De las narraciones recordadas por parte de los participantes desaparecían, sobre todo, aquellos elementos que no parecían encajar con el conocimiento previo o con las expectativas construidas desde la base de las características culturales de los participantes. Además, toda la historia en su conjunto se iba transformando, de modo que el relato se volvía más coherente acorde a las características culturales y creencias de los participantes.

Si bien no es el único trabajo histórico en esta línea, la aproximación de Bartlett al estudio de la memoria asentó de forma elegante las bases del proceso de recuerdo, un proceso activo, dinámico y de reconstrucción y no de simple acceso y recuperación de la información como si de una fotografía se tratara.

El cerebro emplea continuamente trucos que le facilitan el trabajo y que más adelante comentaré; por ejemplo, cuando intenta percibir un estímulo o cuando participa en el recuerdo. Para este último, para el proceso de reconstrucción de todo ese caótico rompecabezas de sinapsis, se nutre de nuestro conocimiento previo y de aquello que es más probable en un determinado contexto. Es como si, de algún modo, usara pistas para unir los puntos que conforman un dibujo a medio terminar, consiguiendo así que el resultado final adquiera características creíbles y coherentes con nuestra forma de entender la realidad. Así que es poco probable que durante el intento por recordar cómo era un animal que vimos en el zoológico este proceso de reconstrucción *elabore* algo parecido a un elefante rosa con alas y, de hecho, en caso de suceder, sabríamos perfectamente que no era así lo que vimos.

Es evidente que existen variables que, en la más absoluta normalidad, pueden condicionar notablemente el que un recuerdo se vea más o menos alterado. Por supuesto, tal y como ilustró Bartlett a través de su surrealista historia, las características mismas de lo que se está viviendo pueden contribuir a la transformación del recuerdo. De este modo, toda vivencia plagada de elementos extraños o difícilmente comprensibles desde nuestra óptica o perspectiva cultural, es más susceptible de verse transformada. Pero, más allá de esto, la calidad con la que llega la información que va a ser almacenada juega también un papel esencial en la transformación posterior del recuerdo. Así, cuando por algún motivo el proceso de codificación inicial se ve comprometido o interferido o no se realiza con la profundidad necesaria, la calidad de la información a almacenar es menor y se facilita la posterior transformación durante el recuerdo.

Este fenómeno se puede observar en circunstancias durante las cuales los procesos de codificación inicial se vieron profundamente entorpecidos por la concurrencia de otros procesos psicológicos que han limitado el despliegue de recursos atencionales al evento en curso. Esto explica, por ejemplo, la tendencia a la transformación e incluso falsificación de muchos elementos de los recuerdos que acompañan determinadas experiencias humanas profundamente traumáticas o cómo, cuando el despliegue de recursos atencionales ha sido deficitario como consecuencia, por ejemplo, de la fatiga o de haber bebido un par de copas de más, existe una mayor tendencia a distorsionar el recuerdo. En todos estos casos se pueden producir fenómenos de amnesia para determinados eventos durante los cuales la persona no consigue recordar absolutamente nada de lo que pasó, pero también pueden producirse fenómenos que podríamos considerar «de relleno», a través de los cuales se sustituye el vacío en la memoria por elementos que dotan de sentido la secuencia que se intenta recordar. Como muchos podrán suponer, este tipo de fallos pueden jugar un papel dramático en determinados escenarios, como puede ser en el contexto de los interrogatorios policiales o de la testificación de víctimas.

Paradójicamente, del mismo modo que determinados sucesos emocionalmente muy intensos son capaces de condicionar profundamente la calidad de la información almacenada, en otros contextos, la coexistencia de una experiencia emocional muy fuerte convierte a los recuerdos en prácticamente inamovibles e imborrables. Ejemplo de ello es que casi todas las personas que vivimos los atentados del 11-S o del 11-M por la televisión recordamos perfectamente dónde estábamos, con quién estábamos y qué hacíamos cuando vimos las primeras imágenes. Cosa distinta es que, por más convencidos que estemos de recordarlo, el color del sofá de la sala de estar y la ropa que en nuestra memoria vemos que llevábamos puesta nosotros y nuestros acompañantes son, sin duda, una falsificación del recuerdo.

Con nuestra memoria, es decir, con nuestro conocimiento, construimos nuestro mundo interno e imaginario. Gracias a esas piezas almacenadas revivimos lugares conocidos a la par que inventamos historias fantásticas y viajes futuros a lugares donde querríamos estar. Sin estas piezas, sin el conocimiento necesario, seríamos incapaces de construir las imágenes que componen nuestra imaginación. Imágenes de mundos fantásticos o de citas que nunca sucedieron y que, en nuestra mente, pueden llegar a ser tan reales como las imágenes de un recuerdo. Este punto presenta otro elemento indispensable para entender otros mecanismos que contribuyen a la falsificación de los recuerdos. ¿Cómo consigue el cerebro humano permitirnos distinguir aquellas imágenes que forman parte de la fantasía de aquellas imágenes que forman parte de algo que realmente vivimos? Es obvio que debe existir algún proceso dedicado a facilitarnos esta distinción y que este proceso es susceptible de pequeños fallos, puesto que no es poco habitual haber tenido ciertas dudas acerca de si realmente vivimos algo que recordamos, lo soñamos o nos lo contaron.

Las imágenes mentales ficticias no se acompañan de ningún elemento que nos permita saber rápidamente que son parte de la fantasía. Los recuerdos tampoco llevan la etiqueta de «soy real». En neuropsicología y en ciencias cognitivas asumimos que uno de los procesos esenciales para garantizar el correcto funcionamiento humano es la *monitorización*. Este concepto, que desarrollaré con mayor profundidad más adelante, hace referencia a algo así como un proceso de supervisión que evalúa continuamente y por debajo del nivel de la consciencia todo aquello que hacemos y todo aquello que sucede.

Respecto a la memoria, los modelos neurocognitivos presuponen que existe un proceso de monitorización de la fuente o del origen de la información que recordamos. Esto significa que algo supervisa de dónde vienen esas imágenes que observamos en la mente y hasta qué punto les podemos atribuir un origen en forma de vivencia, de que fue algo que nos contaron o de que lo soñamos. En esencia, esta idea de un supervisor del origen de lo que experimentamos en nuestra mente supone que toda una serie de procesos automáticos se nutren de los elementos disponibles en el recuerdo y los emplean para atribuirles un origen, por ejemplo, que lo pensé (origen interno), que me lo contó Javier (origen externo) o que lo viví. Estos procesos automáticos serían distintos de otros procesos más controlados a nuestra voluntad que también podemos emplear para analizar los elementos que componen un recuerdo y ayudarnos a decidir si realmente nos sucedió o si lo imaginamos.

Vale la pena en este punto añadir que hay una situación durante la cual somos especialmente vulnerables a que estos procesos dedicados a analizar el origen de los recuerdos funcionen muy por debajo de sus niveles mínimos de eficiencia. Esta situación es el despertar y, por ello, posiblemente muchos lectores hayan tenido la desagradable experiencia de despertar sin poder entender muy bien si una parte de lo que soñaron realmente sucedió o si todo fue simplemente un sueño.

Los fallos en los procesos de monitorización de la fuente son mucho más evidentes conforme pasa el tiempo, precisamente porque dejamos de alimentar esos recuerdos y porque las experiencias se alejan de los hechos o de las circunstancias en que sucedieron. De este modo, el paso del tiempo puede hacer que, por ejemplo, el origen externo de una anécdota que alguien nos contó se desconfigure y lleguemos en algún momento a tener la impresión de que realmente vivimos en primera persona esa anécdota, cuando, en realidad, nos la contaron.

Este fallo es en esencia lo que explica cómo y por qué miles de personas recuerdan perfectamente haber estado viendo en directo en el televisor el intento de golpe de Estado del 23-F. Esas imágenes aparecieron en el televisor varios días después, mientras que la experiencia en tiempo real la tuvieron a través de la retransmisión que fue haciendo en directo la Cadena SER por la radio. Con el tiempo, esa experiencia ha ido mezclando elementos que sucedieron en distintos puntos temporales, dando lugar a un recuerdo único en el que la emisión por televisión ha ocupado un lugar distinto al que le tocaba.

Por todo ello, la experiencia de recordar algo de un modo distinto a como lo cuenta otra persona que vivió el mismo evento con nosotros no merece que discutamos sobre quién tiene razón, puesto que, desde la perspectiva del recuerdo, las dos personas la tienen, o lo que es lo mismo, las dos personas lo están recordando de un modo distinto a como realmente sucedió. Algo muy diferente es, por ejemplo, lo que ocasionalmente encontramos en personas afectadas por determinados cuadros clínicos en cuyo contexto se produce una cascada de falsos recuerdos, sean puras confabulaciones o sean elementos de la imaginación que se volvieron aparentemente reales.

Como narré en *Cerebros rotos*, en el capítulo dedicado al paciente que identifiqué como Javián titulado «Voy a ser padre por primera vez», las secuelas derivadas de la cirugía de un extenso tumor frontal provocaron en Javián la inevitable construcción de todo un relato de su vida antes y después de la cirugía. Durante la primera visita me contó con lujo de detalles lo que había estudiado, su trabajo anterior, lo que lo llevó a vivir a Barcelona, lo que hacía cada día y que pronto sería padre por primera vez. A la luz de las observaciones relativas a la exploración neuropsicológica, resultaba evidente que Javián tenía una grave y grotesca alteración de la memoria que le llevaba a construir de manera espontánea toda una narrativa fantasiosa cuando se le preguntaba o confrontaba con distintas situaciones de su vida. Nada de lo que me contó era cierto, pero tampoco era mentira, puesto que en la confabulación no hay voluntad de engañar: es un acto de mentir con honestidad. Sea como sea, precisamente porque las emociones empapan las experiencias de un carácter propio y de elementos distintos a otras vivencias, en su narración había algo que era absolutamente cierto y que podía recordar perfectamente: en efecto, sería pronto padre por primera vez.

Este tipo de fenómenos de confabulación claramente patológica forman parte de uno de los elementos característicos del síndrome de Wernicke-Korsakoff. Esta afección se da habitualmente como consecuencia de una marcada deficiencia de tiamina (vitamina B1) a menudo secundaria a un consumo prolongado de alcohol, aunque también puede encontrarse en un contexto de problemas nutricionales y de otras causas. En el síndrome de Wernicke-Korsakoff, las anomalías previamente desencadenadas por el déficit de tiamina y potencialmente tratables ya han causado un daño permanente, dando lugar, entre otras manifestaciones, a un severo y persistente trastorno de la memoria que suele acompañarse de confabulaciones muy floridas en ausencia de un aparente trastorno de la consciencia.

Hace ya muchos años, recuerdo haber valorado a un paciente ingresado en la sala de Neurología que padecía este síndrome. A través de las ventanas de su habitación compartida solo se podían ver algunos espacios del hospital, pero, cuando le pregunté si sabía dónde estábamos, él, tranquilo, sereno y sentado encima de su cama, ataviado con la característica piyama de hospital, afirmó mientras miraba a través de la ventana:

—¡Claro que sé dónde estamos! ¡En La Habana! Aquí, pasando las vacaciones...

Cuando le pregunté si sabía exactamente en qué edificio estábamos y qué hacía yo allí o por qué no veíamos el mar, elaboró espontáneamente un relato fabulado, pero coherente, que servía para dar sentido a la narración que había construido para dar forma a la ausencia de recuerdos.

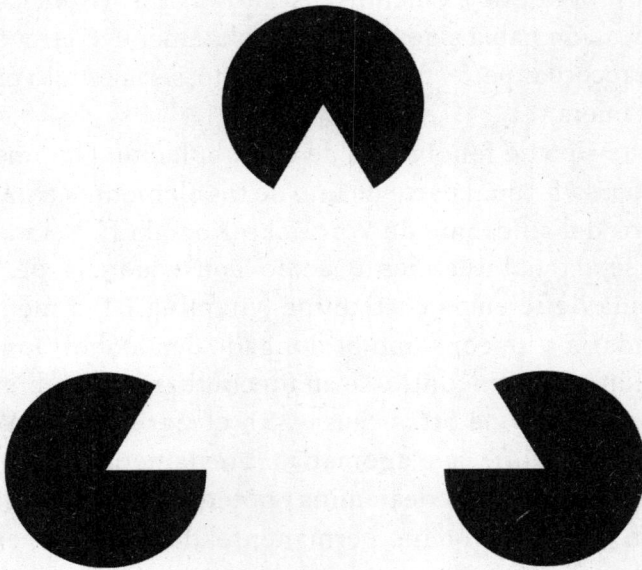

En este ejemplo no podemos evitar ver un triángulo, cuando en realidad no está presente. Nuestro cerebro emplea la información disponible para completar la información visual que recibimos.

Existen distintas enfermedades donde el tipo de alteración de la memoria da lugar a fenómenos de aparente vacío, de ausencia de recuerdos. Pero tanto en la enfermedad como también en la más absoluta normalidad hay un detalle cuasi universal que explica lo que ocurre cuando el cerebro no es capaz de reconstruir con exactitud lo que sucedió, y este es que difícilmente experimentamos un vacío de la memoria como si de una ceguera al recuerdo se tratara. En contraposición, de un modo similar al que rige la automática coherencia con la que involuntariamente agrupamos y percibimos determinados estímulos visuales, confeccionamos sin querer una narración coherente en nuestra mente que evita la experiencia del vacío en la memoria y de la extrañeza en cuanto a los elementos que configuran un recuerdo.

4

¿DÓNDE ESTÁN LAS LLAVES?

Resulta curioso, aunque posiblemente sea tan previsible como razonable, que muchas de estas *pequeñas cosas* que caracterizan a los fallos sutiles que definen nuestra neuropsicología de la vida cotidiana suelan acompañarse de una sensación de ansiedad, malestar e incluso enfado bastante obvio. En este contexto, de entre todas las situaciones que posiblemente sean capaces de sacarnos más de quicio cuando suceden, sin duda los temibles momentos de buscar las llaves del coche y no encontrarlas donde deberían estar o de no encontrar el teléfono —o lo que sea— se llevan el premio.

El mundo que observamos es en parte una reconstrucción, algo parecido al escenario más previsible. En efecto, aunque parezca imposible, de un modo similar a lo que hacemos con nuestros recuerdos cuando los reconstruimos, la realidad externa es en gran medida una ilusión, una reconstrucción y una anticipación.

El cerebro humano no puede ni debe invertir todos sus limitados recursos en un análisis exhaustivo del mundo externo al cual se expone continuamente. Por eso, se sirve del conocimiento acumulado para predecir qué es lo más probable que esté sucediendo *ahí fuera* y con ello reconstruye el aspecto global del entorno en el que estamos. Que no dediquemos continuamente la totalidad de nuestros procesos perceptivos a interpretar y percibir el mundo explica que, cuando nos exponemos por primera vez a un contexto novedoso e impredecible, de forma habitual nos fatigamos de manera significativa como consecuencia, precisamente porque, en ausencia de información previa en estos contextos *escaneamos* el mundo con una mayor profundidad.

Pero en los contextos habituales ni siquiera prestamos atención a la disposición de los muebles o de los interruptores. Simplemente navegamos de un modo aparentemente autónomo por todos los rincones de la casa ejecutando, sin pensar, todo aquello que resulta necesario. ¿O acaso el trayecto y pasos que dedicamos al llegar a casa con las bolsas de la compra y al disponer los elementos comprados donde corresponden es algo que hacemos siendo plenamente conscientes? ¿Y el trayecto en transporte público o en coche al trabajo?

La automatización de muchos procesos aparentemente complejos y su conversión en hábitos supone una evidente ventaja desde el punto de vista de la eficiencia cognitiva, o lo que es lo mismo, de la baja necesidad de despliegue de recursos cognitivos para ejecutar perfectamente bien un proceso determinado. Imaginémonos, si no, cuán saturante y cansado sería tener que desplegar de manera consciente y totalmente controlada toda la secuencia de acciones que acometemos desde que nos despertamos hasta que llegamos conduciendo al trabajo. En este supuesto, ¿qué cantidad de conductas realizamos de modo automático sin aparente control voluntario? Los gestos y posturas necesarios para levantarnos de la cama y caminar, los gestos y la secuencia necesaria para cepillarnos los dientes, para preparar un café y tomárnoslo o para vestirnos. Qué decir de todo lo necesario para arrancar el coche y conducirlo por una ciudad con sus calles, peatones y otros vehículos.

Obviamente, nos parece imposible poder funcionar así. Pues bien, dejar las llaves en un tazón o el teléfono encima de la mesa es en algún momento, invariablemente, una conducta automatizada que se realiza sin despliegue de ningún tipo de atención. En consecuencia, volviendo a los capítulos anteriores en los que hablamos del papel de la atención en la formación de la memoria, resulta previsible que, si por algún motivo no dejamos las llaves o el teléfono donde habitualmente se dejan de manera automática, no se haya formado una imagen, un recuerdo de ese acto. Por ello, en ausencia de atención, no se habrá codificado ese instante y no se habrá construido ese recuerdo. Así, no iremos a buscar las llaves donde realmente las hemos dejado, sino donde las dejamos de manera automática cada día y —oh, sorpresa— no estarán allí, y no sabremos *recordar* dónde las hemos dejado porque, simplemente, no lo habremos aprendido.

Este factor es uno de los grandes determinantes de la experiencia de *¿Dónde están las llaves?*, pero no es el único. Volviendo a la idea de que percibimos un mundo previsible, sabemos que muchos de los elementos visuales que aparecen en la periferia de nuestro campo visual (recordemos esas redes atencionales primitivas) son meras invenciones de nuestra mente. Solo los elementos que acceden a nuestra diminuta capacidad de atención selectiva y mantenida llegan a ser percibidos o reconocidos de manera explícita. Por ello, durante el rastreo visual de objetos que no están en su lugar, es sumamente fácil que nuestra atención *no vea* objetos que están justo delante de nosotros, precisamente porque el sistema perceptivo no anticipa o predice que deberían estar ahí. Hay un elemento curioso sobreañadido a esta realidad y es que, cuando la atención queda saturada, se vuelve momentáneamente «ciega» a través de un fenómeno que denominamos *parpadeo atencional.*

¿Y esto qué es? Cuando nuestra atención se orienta selectivamente a un determinado estímulo, la capacidad del sistema atencional para procesar otros estímulos queda profundamente limitada. Un ejemplo clásico de este fenómeno es el conocido *experimento del gorila invisible,* realizado por Daniel Simons y Christopher Chabris en 1999. En este experimento, se instaba a una serie de voluntarios a contar el número de pases de balón que se daban los integrantes de un equipo de basquetbol. Al finalizar la tarea, se pedía a los participantes que indicaran este número, lo que solían hacer correctamente sin demasiada dificultad. Pero, a continuación, se les preguntaba si habían visto pasar a un hombre disfrazado de gorila andando entre los jugadores. Sorprendentemente, la mayoría respondía que no.

Esta ceguera al gorila era una consecuencia de que los recursos atencionales estaban eminentemente dirigidos a una tarea distinta en particular. De este modo, estar inmersos en un determinado proceso cognitivo más o menos exigente, por ejemplo, maldiciendo a los dioses y culpando a nuestra pareja por no encontrar unas llaves mientras escaneamos la sala gritando porque llegamos tarde al concierto, posiblemente sea más que suficiente como para saturar nuestro sistema atencional y no ver que las llaves, en efecto, están encima de ese libro nuevo que compramos el día anterior y que dejamos sobre la mesa.

Además, bajo estas condiciones de estrés, presión y malestar, los procesos implicados en la recuperación de la información almacenada en la memoria o bien fracasan o bien no se despliegan con la suficiente eficiencia. Por ello, como consecuencia del automatismo desplegado, difícilmente el momento en el que hemos dejado las llaves donde no van habrá sido almacenado, a lo que hay que sumar el defecto en la recuperación de información al verse los procesos sometidos a estrés, por lo que resulta prácticamente imposible que, por más que lo intentemos, lleguemos a recordar mínimamente dónde dejamos las malditas llaves.

En contraposición, precisamente porque este fenómeno está en gran medida mediado por un automatismo, por una secuencia rutinaria, recomponer retrospectivamente la secuencia de acciones que hemos realizado al llegar a casa y buscar aquellas que podrían desviarse de la conducta habitual suele ser un modo relativamente efectivo para identificar instantes en los que podría haber sucedido el hecho «dejar las llaves donde no van».

Cabe decir, puestos a hablar de fenómenos puntuales de olvido para cosas muy obvias, que esta relación entre automatización mediada por hábitos ya formados, bajo despliegue atencional y baja codificación en la memoria sirve igualmente para explicar una infinidad de situaciones que muchas veces se nos plantean con preocupación en la consulta. Por ejemplo, durante la realización de tareas rutinarias, como trabajar o conducir, es fácil que, si se nos proporciona algún tipo de información, esta sea procesada de manera superficial y seamos incapaces de recordarla o de recordar con exactitud qué se ha hecho y qué no. Un ejemplo evidente es la clásica duda relativa de si hemos dejado bien cerrada la puerta de la casa, un acto rutinario que realizamos cada día, que nunca supervisamos, hasta que un día aparece una duda y, precisamente por la ausencia de supervisión, no disponemos en el recuerdo de los datos necesarios para saber si lo hemos hecho o no. Lamentablemente, este fenómeno también explica un suceso atroz que tiene lugar cada verano y que desencadena toda una serie de opiniones previsibles, pero muy equivocadas. Hablamos de esos casos en los que un menor, generalmente un bebé, fallece por las altas temperaturas cuando a alguno de sus progenitores se le olvida dentro del coche. Cuando las noticias relativas a este tipo de fatídicos sucesos se hacen públicas, habitualmente se desata una cascada de ataques y de culpabilización al padre o madre como si todo fuera una consecuencia de un acto negligente deliberado o un efecto inherente a ser mal padre o mala madre. Pero la realidad es que es algo que nos podría suceder a todos como resultado de cómo trabajan la atención y la memoria en tareas rutinarias, así como bajo estrés. Por ello, si algo reflejan estos lamentables eventos no es la mala aptitud como padre o madre de una persona que se odiará para el resto de su vida, sino cuál es el peso que ejerce la fatiga sobre nuestro sistema atencional, cómo ello puede llegar a tener consecuencias dramáticas y cómo llegamos a permitirnos vivir expuestos a un ritmo que se vuelve invivible.

5
¡YO YA HE VIVIDO ESTO!

Uno de los fenómenos que suele generar múltiples preguntas e innumerables explicaciones o respuestas tiene que ver con esa sensación más o menos difusa de estar viviendo un determinado acontecimiento y sentir que ya se ha vivido antes. Esta sensación de familiaridad con un evento habitualmente produce cierto desconcierto inicial a la persona que lo vive, especialmente cuando resulta evidente que es imposible que ya haya vivido esa experiencia en el pasado. Este fenómeno tan particular, relativamente habitual y claramente disociado de la patología cuando no sucede de manera regular es lo conocido como *déjà vu*, cuya traducción literal del francés significa ni más ni menos que «ya visto». A pesar de que normalmente solemos emplear el término *déjà vu* para referirnos a cualquier tipo de episodio que se vea acompañado de esa peculiar sensación de familiaridad y de haber sido ya vivido, lo cierto es que existen distintos tipos de fenómeno *déjà*. En cualquier caso, técnicamente podemos considerar que este tipo de experiencias forman parte de lo que denominamos *paramnesias* y, específicamente, son una forma de paramnesia del reconocimiento.

No es de extrañar que, precisamente atendiendo a la naturaleza de los fenómenos de *déjà*, las explicaciones alternativas al posicionamiento científico consideren este tipo de situaciones como ejemplos de premonición o incluso como formas de evidencia relativas a la reencarnación. Lamentablemente, tal y como sucede con muchos otros fenómenos aparentemente paranormales, estas experiencias no tienen nada de mágico. Aunque esto es discutible, puesto que precisamente descubrir el entramado de los procesos neuronales y cognitivos que precipitan esta y otras formas de experiencias extrañas, a mi modo de entender, resulta profundamente mágico.

En lo relativo a los distintos tipos de experiencias que forman parte, de un modo genérico, de lo que denominamos *déjà vu*, si bien no existe un consenso científico al respecto, sí que disponemos de diferentes términos que describen experiencias con carácter propio. Entre ellas, destacan el *déjà vecu*, que comparte muchos de los elementos que definen al *déjà vu,* pero adquiriendo un carácter experiencial mucho más intenso y detallado, de modo que la persona no solo tiene la sensación de haber vivido ya ese momento, sino que también tiene la impresión de estar experimentando las mismas sensaciones, emociones y pensamientos. El *déjà senti* se refiere a la impresión de haber experimentado ya una determinada emoción en relación con una situación similar; el *déjà visite* alude a la sensación de haber estado ya físicamente antes en un lugar; y, por último, el *déjà entendu* se refiere a la impresión de sentir que ya se ha escuchado una conversación previamente.

Sea como sea, existe toda una serie de situaciones cuyo nexo común radica en la peculiar sensación de familiaridad con respecto a lo que está sucediendo, bien se trate de una palabra o una conversación, un lugar físico, una sensación, una vivencia o una emoción. Se estima que este tipo de experiencias las llega a experimentar hasta un 90% de las personas sanas y que disminuyen conforme envejecemos. A nivel científico, lo cierto es que distintas teorías han propuesto modelos explicativos del fenómeno e incluso situaciones experimentales permiten inducir artificialmente fenómenos similares al *déjà vu*. Pero la realidad es que, a pesar de tener explicaciones parciales acerca de los mecanismos que promueven este tipo de fenómenos, existe un dato que claramente refuerza su sustrato neuronal y este no es otro que la exacerbación de los episodios de *déjà vu* en cantidad y en duración que podemos encontrar como una de las posibles manifestaciones de un tipo de epilepsia que denominamos *epilepsia del lóbulo temporal medial*.

Cuando la gente piensa en la epilepsia suele imaginarse a una persona convulsionando ferozmente, contorsionando su cuerpo en el suelo y escupiendo espuma por la boca. Eso, sin entrar en la equivocadísima idea de que el paciente con epilepsia corre el riesgo de tragarse la lengua, algo que nunca sucede y que nos obliga a recordar que, en caso de presenciar una crisis epiléptica, lo mejor que se puede hacer es colocar a la persona en una postura segura, acolchar su entorno o protegerla de posibles golpes y esperar a que el episodio termine a los pocos segundos sin sujetar al paciente. La epilepsia no deja de ser una actividad neuronal anormal que puede comprometer regiones muy específicas del cerebro, pero que también puede difundirse a lo largo de extensos territorios cerebrales. Con ello, en función de la zona donde sucedan estos episodios de actividad neuronal anormal, las manifestaciones de la epilepsia podrán adquirir características muy distintas. De este modo, cuando el *foco* o la actividad implica áreas cerebrales relacionadas con el control y producción de la postura y del movimiento, el episodio asociará movimientos espasmódicos involuntarios conocidos como *movimientos tónico-clónicos*. Pero, en caso de que el patrón de actividad anormal suceda en regiones que no implican al movimiento pero sí a otros procesos, la crisis epiléptica podrá adquirir características muy distintas. Por ejemplo, cuando la actividad anormal sucede en regiones visuales, las personas suelen experimentar destellos de luz, mientras que cuando implican regiones del sistema límbico, las personas pueden experimentar, por ejemplo, miedo.

Dada la íntima relación que existe entre el lóbulo temporal medial y la memoria, no es infrecuente que algunas formas de epilepsia del lóbulo temporal se asocien antes, durante o después de la crisis fenómenos particulares relativos a la memoria, como pueden ser la construcción de toda una cascada de falsos recuerdos, el olvido de sucesos ya vividos, la hiperfamiliaridad y los fenómenos tipo *déjà vu*. Evidentemente, esto sugiere que un mecanismo aparentemente esencial para que se produzca el *déjà vu* tiene que ver con algo que momentáneamente sucede en estructuras y procesos relacionados con la memoria. Pero, si este fuera el único mecanismo implicado, veríamos fenómenos de *déjà vu* en muchas otras afecciones caracterizadas por disfunción temporal medial. Por ello, la ciencia contempla la coparticipación de otros procesos, siendo precisamente la complejidad de estos lo que explica que puedan asociarse pequeños fallos temporales que den lugar al fenómeno transitorio de *déjà vu* en la normalidad.

Algunas de las teorías que pretenden dar una explicación científica al fenómeno tienen que ver con que el cerebro está continuamente procesando y actualizando la información que recibe y la información que tiene incorporada. De este modo, a pesar de que nosotros experimentamos el tiempo presente como una unidad, un instante que transcurre en nuestra consciencia, esta experiencia del *momento presente* sucede como consecuencia de la integración de manera sincronizada y simultánea de miles de datos provenientes de distintas regiones cerebrales. Una posibilidad relativa al *déjà vu* tiene que ver con el efecto que podría tener en nuestra experiencia consciente del tiempo presente una eventual desincronización de todos los procesos que contribuyen a la construcción del instante que vivimos. De este modo, cabría pensar que la pérdida de la sincronía entre el trabajo realizado por parte de estructuras dedicadas a almacenar información (por ejemplo, lo que estoy viviendo ahora) y estructuras dedicadas al procesamiento visual (por ejemplo, lo que estoy viendo ahora) podría desencadenar algo parecido a un *desacoplamiento* entre lo visto y lo experimentado que contribuiría a la falsa impresión de haber vivido ya el suceso.

Otra explicación radica en posibles fallos en la secuencia de eventos que acompañan al procesamiento y reconocimiento visual. En condiciones normales, la información se procesa una única vez, pero cabe la posibilidad de que, eventualmente, un mismo estímulo o suceso se procese erróneamente dos veces y eso precipite la sensación de familiaridad. En lo relativo a la familiaridad, es importante destacar que lo familiar adquiere este carácter como consecuencia de que el cerebro de algún modo otorga este rasgo a un tipo de estímulo o de recuerdo. Así, determinadas situaciones a las que nos exponemos tienen como característica propia la no familiaridad, mientras que otras nos resultan familiares. Parece evidente que, precisamente porque el cerebro trabaja anticipándose a aquello que observa, no podemos evitar que ciertos lugares o rostros nos resulten familiares por el mero hecho de que se parecen o nos recuerdan a algo o a alguien en particular. Esta familiaridad mediada por la similitud no constituye un *déjà vu,* pero sirve para hipotetizar que algunas formas de *déjà vu* podrían estar mediadas por fallos en el modo como el cerebro atribuye familiaridad o no a eventos que nunca se han vivido o a otros que ya se han vivido. Esto permitiría explicar no solo la sensación que acompaña al *déjà vu*, sino también los episodios *invertidos* donde la persona tiene la impresión de no haber vivido nunca un suceso que, en realidad, ya ha vivido. Finalmente, una hipótesis alternativa tiene que ver con el modo como el cerebro procesa el tiempo y como experimentamos el paso del tiempo. Aunque la percepción del tiempo resulte una experiencia humana absolutamente universal, los procesos y mecanismos exactos que nos permiten experimentar el paso del tiempo siguen siendo solo parcialmente conocidos. Lo que resulta incuestionable es que la apreciación o vivencia del tiempo es susceptible de fallos y de transformaciones mediadas, por ejemplo, por el aburrimiento. Así, nadie negará que no es lo mismo una hora esperando para realizar algún trámite burocrático que una hora cenando con los amigos.

Nuestras experiencias, tanto las que definen los instantes del presente como las pasadas, llevan de algún modo implícito un estado temporal que las ubica ahora, hace unos días, hace unos años, etcétera. La pérdida, por ejemplo, de la capacidad de actualizar la memoria a hechos presentes da lugar a episodios de aparente *desorientación* donde la persona afirma estar viviendo en un año que no es o llevar casada un tiempo significativamente menor al real. Fuera de estos sucesos, evidentemente circunscritos a circunstancias patológicas, los pequeños fallos en la actualización temporal de los eventos y en el modo como atribuimos *cuándo* ha sucedido algo podría contribuir notablemente a la construcción de la experiencia subjetiva de lo *ya vivido*.

Hace algún tiempo tuve la oportunidad de evaluar en distintos puntos temporales a un hombre que padecía un complejo proceso neurodegenerativo que conocemos como *parálisis supranuclear progresiva*. Esta enfermedad, además de asociarse a toda una serie de manifestaciones en forma de síntomas motores similares a los que vemos en la enfermedad de Parkinson, se acompaña también de un deterioro cognitivo progresivo, más que evidente, que suele repercutir sobre múltiples procesos mentales. Este paciente no sabía quién era la persona que lo acompañaba a todas las visitas, a pesar de que ella, su acompañante, era la mujer con la que había estado casado toda su vida. En algún momento del proceso de su enfermedad, el paciente le pidió matrimonio a su mujer porque sentía que la conocía desde siempre y que era la mujer de su vida. No era capaz de acceder a esos recuerdos que había construido junto a su esposa, ni de reconocerla como tal, pero estar con ella le producía una delicadísima sensación de felicidad y una gran familiaridad que lo llevó a considerar la posibilidad de pedirle matrimonio. Obviamente, ella accedió.

6

¿QUÉ DIANTRES HE VENIDO A HACER A LA COCINA?

Cuando las personas que nos consultan se sientan delante de nosotros, habitualmente vienen con una idea bastante específica sobre lo que las ha llevado hasta allí. Tras las primeras presentaciones, solemos entablar un diálogo a través del cual vamos recopilando toda la información que necesitamos para construirnos un marco conceptual a partir del cual empezar a pensar en posibilidades que den una explicación a esa queja o problema, así como en las mejores maneras de valorarlo. Una parte esencial de este diálogo consiste en conseguir que la persona nos ejemplifique de la mejor forma posible lo que le pasa para así nosotros poder entender sobre qué sucesos se ha construido la impresión subjetiva de que está fallando la memoria.

La manera de contarnos los problemas o las quejas suele contener mucha de la información necesaria para que, en el mejor de los casos, tengamos una idea bastante robusta de qué puede estar sucediendo, e incluso sepamos, más allá de la mera intuición clínica, que no está pasando nada grave.

De este modo, intentamos ordenar y entender la idea «tengo la sensación de que me falla la memoria» a través de un relato desde el que podamos ver con qué frecuencia suceden los episodios que han dado lugar a esta sensación y qué aspecto o características tienen. Es así como, en muchas ocasiones, podemos constatar que los sucesos que han llegado a preocupar tanto a la persona como para acudir a la consulta tienen unas características que los adscriben a un tipo de fallo habitualmente benigno, que todos hemos experimentado en algunos momentos y que, bajo determinadas circunstancias, es fácil que sucedan con mayor frecuencia. Entre todos estos posibles sucesos, uno que frecuentemente encontramos tiene que ver con esos momentos en los que nos dirigimos a hacer algo y de pronto descubrimos que no sabemos qué íbamos a hacer. Esto es, por ejemplo, cuando llegamos a la cocina y nos preguntamos qué hemos ido a buscar allí.

Normalmente, estas situaciones tienen un desenlace natural previsible: de forma espontánea recordamos lo que íbamos a hacer o a buscar. Pero a veces no resulta extraño que nos quedemos «pasmados» sin ser capaces de recordar por qué fuimos a la cocina. Este tipo de fallos suceden en relación con un *tipo de memoria* o de proceso mnésico que denominamos *memoria prospectiva* y que, igual que otras formas de fallo transitorio de la memoria como las que hemos tratado anteriormente, en la mayoría de los casos tiene un carácter absolutamente benigno y profundamente mediado por el componente atencional.

La memoria prospectiva engloba este tipo de procesos a través de los cuales tenemos la capacidad de recordar o de ejecutar un evento en el futuro, por ejemplo, cuando nos decimos «tengo que acordarme de comprar aceite cuando pase por un supermercado». Este tipo de memoria ilustra una característica que, aunque la experimentemos de manera habitual sin darle demasiada trascendencia, define lo que para mí es uno de los procesos más curiosos que despliegan el cerebro y la mente humana en un contexto de normalidad. Los seres humanos «agendamos» en nuestra mente eventos futuros, sean estos a muy corto plazo, a mediano plazo o a largo plazo. Un ejemplo es cuando mentalmente nos decimos algo así como «mañana a las seis tengo cita con el dentista» o «en dos horas tengo que tomarme el antibiótico». A pesar de que actualmente disponemos de una infinidad de recursos de soporte, como la agenda del celular, en muchas ocasiones no anotamos en ningún lugar estas órdenes que nos damos mentalmente, de modo que pasan a ser algo así como una nota mental en nuestra memoria. Lo curioso es que habitualmente dejamos de pensar en esta nota mental y, a pesar de ello, cuando se acercan las seis del día siguiente o cuando han pasado dos horas, de pronto esa orden reaparece en nuestra consciencia y nos insta a realizar aquello que teníamos que hacer. Es maravilloso.

El ser humano puede mantener activa, viva y en el plano de la consciencia la información que contiene su memoria a corto plazo a través, por ejemplo, de emplear lo que denominamos el *bucle fonológico*, que no es otra cosa que verbalizar internamente aquello que no queremos olvidar. Un ejemplo sería cuando nos repetimos mentalmente un número de teléfono que no hemos podido anotar hasta que encontramos papel y bolígrafo. De un modo similar, podemos usar lo que denominamos *agenda visuoespacial*, que no deja de ser el uso de una imagen mental, en lugar de una verbalización interna, para mantener ese recuerdo vivo. Pero en el contexto de la memoria prospectiva, es evidente que no hacemos nada de esto y que, en esencia, nos olvidamos de aquello que hemos pensado que teníamos que hacer.

Esto es, no nos pasamos todo el tiempo repitiendo en nuestra mente la orden de ir a las seis al médico, pero, a pesar de ello, a pesar de que esa orden aparentemente desaparece de nuestra consciencia, llegado el momento la ejecutamos.

Grosso modo, existen dos grandes tipos de memorias prospectivas: las basadas en el tiempo, como son las que he ilustrado con el ejemplo de la visita al médico o de tomar el antibiótico, y las basadas en la intención, que, por ejemplo, sería el instarnos a comprar leche cuando pasemos por delante de un supermercado. En ambos casos, evidentemente el recuerdo «espontáneo» de lo agendado en la memoria aparece en respuesta a determinadas señales o circunstancias, sean estas el paso del tiempo o el encontrarnos con un estímulo específico, por ejemplo, el supermercado. Todo ello significa que, sin que nosotros estemos controlándolo conscientemente, la memoria prospectiva emplea toda una serie de procesos que suceden por debajo del nivel de la consciencia pero que mantienen activos los componentes que permitirán que se produzca el recuerdo cuando nos expongamos a la señal. Por lo tanto, *algo está supervisando,* sin que nosotros nos demos cuenta, el paso del tiempo para permitir que actúen la memoria prospectiva basada en el tiempo y nuestro entorno y la memoria prospectiva basada en la intención. Ello implica que debe existir algo así como un sistema de conteo del paso del tiempo, sumamente eficiente, integrado en nuestro cerebro y que *dialoga* con otros procesos cognitivos que van sucediendo. Igualmente, también que debe existir un sistema de supervisión y de reconocimiento del mundo externo, que asimismo dialoga con esos procesos que suceden por debajo del nivel de la consciencia.

Hablar de procesos que no experimentamos conscientemente no significa que estemos poniendo encima de la mesa una idea del inconsciente, tal y como se desarrolló en su momento en el marco de las corrientes psicoanalíticas. En este caso, el concepto que manejamos no tiene absolutamente nada que ver con el inconsciente freudiano, sino que hace exclusivamente referencia a toda esa serie de procesos que evidentemente suceden aunque no los experimentemos conscientemente.

Pero, antes de hablar de procesos cerebrales de conteo del tiempo y de supervisión, nuevamente vale la pena destacar que, en el caso de la memoria prospectiva, igual que sucede con cualquier otro tipo de información que deba convertirse en recuerdo, aquello que queremos agendar en nuestra mente debe ser previamente atendido y consistentemente codificado. Sin hacerlo o haciéndolo de manera superficial, es probable que la relación que debería construirse entre el paso de un determinado intervalo de tiempo o el encuentro con un determinado lugar o persona y el consecuente recuerdo espontáneo no se produzca, y que ello haya sucedido, en esencia, como consecuencia de que tal relación nunca se construyó.

Pero este no es el único mecanismo que puede explicar los fallos prospectivos. Una parte muy importante del componente prospectivo de la memoria depende de cómo nuestro lóbulo frontal despliega procesos dedicados a supervisar y a mantener activa una regla o una relación determinada. En este caso, la que define la relación entre evento y recuerdo, por ejemplo, es encontrarnos con un supermercado y acordarnos de que hay que comprar leche.

Muchas de las actividades que ejecutamos a lo largo del día llevan implícitas determinadas reglas que deben cumplirse y mantenerse en el tiempo. Sabemos y somos conscientes de que conocemos bien las reglas, pero mientras actuamos no tenemos consciencia de que algo nos esté recordando interna y continuamente cuál es la regla que debemos seguir. Imaginémonos, por ejemplo, que se le pidiera a alguien que fuera encadenando una secuencia alterna formada por números y letras en orden ascendente y alfabético, eso es, 1 - A - 2 - B - 3 - C, etcétera. Esta instrucción correspondería con la regla que hay que entender y mantener durante la realización de la tarea. En este caso, la ejecución más o menos rápida de esta en gran medida dependería de la capacidad para mantener activa esta regla mientras se va ejecutando la tarea, algo que haríamos sin necesidad de irnos repitiendo mentalmente cuál es la regla. En consecuencia, si los procesos dedicados al mantenimiento de una determinada regla fracasaran, la orden se perdería y fallaría todo aquello que dependía de esa orden. Esto es, a pesar de haber entendido perfectamente que debo enlazar una secuencia de números y letras alternando en orden alfabético y ascendente, si no soy capaz de mantener la regla, en algún punto a lo largo de la ejecución esta hipotética alternancia se perderá.

¿Qué puede hacer fracasar el mantenimiento de una regla en condiciones de normalidad? Habitualmente, la saturación del sistema y la distracción mediada por otro evento. Como ya he comentado, la capacidad del cerebro para mantener y para manipular la información es limitada y sensible a la distracción, de modo que es relativamente fácil que de manera involuntaria redirijamos nuestra atención a algo distinto a aquello que estamos haciendo. Cuando incorporamos demasiada información que hay que mantener activa en nuestra memoria de trabajo, es fácil que, tras varios segundos o minutos, el sistema se sature y fracase. Por ejemplo, cuando mentalmente nos decimos «voy a la cocina a buscar un tenedor» y, mientras vamos hacia la cocina, nuestra pareja nos pide que por favor le pasemos el teléfono, puede suceder que realicemos esta segunda acción y que posteriormente, cuando vayamos a la cocina, de pronto no sepamos qué íbamos a hacer. En este caso, la pérdida de la orden sería consecuencia de que la irrupción de una orden nueva la habría situado por encima de la que previamente habíamos elaborado y que esta, básicamente, se habría esfumado de nuestra memoria de trabajo.

Ocurre lo mismo si durante la ejecución de la tarea algo nos distrae con suficiente intensidad; por ejemplo, al dirigirnos a la cocina de pronto en el televisor dan una noticia relevante de última hora. Es fácil que al volver a la cocina no sepamos qué íbamos a hacer. En este caso, nuevamente, la orientación involuntaria de la atención a un nuevo evento como podría ser la noticia en el televisor habría propiciado que esta nueva información ocupara el lugar de aquella que manteníamos en nuestra memoria de trabajo. De este modo, la mayor parte de los fallos prospectivos que experimentamos suceden como consecuencia de que, por algún factor determinado, los procesos que se dedicaban a mantener esa regla activa lo han dejado de hacer y se ha perdido la información.

Pero ¿quién supervisa y mantiene todo esto? La respuesta a esta pregunta es tan compleja como neuropsicológicamente bella y, de hecho, referencias a estos procesos de supervisión irán apareciendo en otros apartados del libro en mayor profundidad. Nuestro lóbulo frontal dedica una parte importante de su actividad a monitorizar o supervisar cuánto se ajusta aquello que hacemos al plan que habíamos elaborado, a supervisar qué tan bien o mal estamos ejecutando una determinada acción o conjunto de acciones o procesos y, por supuesto, a supervisar información que, de algún modo, sin acceder al nivel de la consciencia, se mantiene activa, como, por ejemplo, las acciones a realizar de manera prospectiva. Esta idea de un *supervisor* genera a nivel conceptual la extraña sensación de suponer que *algo* o *alguien* fuera de nuestro control observa lo que hacemos y cómo lo hacemos. Es conceptualmente extraño, puesto que implica pensar en algo parecido a un *ente* escondido dentro de nuestra mente que espía el modo en el que ejecutamos las cosas acordes a un plan. Las reglas de este plan se mantienen activas en algún lugar de nuestros procesos cerebrales de un modo similar, metafóricamente hablando, a como lo hace el *buffer* de memoria RAM en el caso de las computadoras. Una cosa es la información almacenada, otra es la información que manipulamos y de la que somos conscientes y otra, la información disponible en este paso intermedio que denominamos *buffer* y que, en definitiva, es un componente esencial de la memoria de trabajo. Sin este *buffer*, a pesar de tener conocimiento adquirido o de poder procesar de manera inmediata la información, todo se pierde a los pocos segundos. Por ejemplo, en lo que denominamos variantes tipo afasia progresiva primaria logopénica de una enfermedad de Alzheimer, entre otros problemas, los pacientes presentan un gravísimo compromiso de su capacidad para repetir frases. Esta dificultad no reside en que no las entiendan o en que no las escuchen, sino en que su *buffer* auditivo, conocido como bucle fonológico, está desintegrado y, en consecuencia, esa información, que en condiciones normales se mantendría activa, desaparece a los pocos segundos.

En condiciones normales, una parte importante de las acciones prospectivas que realizar en el futuro, por ejemplo, acordarme de llamar a Jaime a las 19 h, se mantiene activa en este *buffer*. El mecanismo esencial que dispara la aparición casi mágica del recuerdo en nuestra mente cuando se acercan las 19 h tiene mucho que ver con algo que en psicología básica y aprendizaje conocemos desde hace mucho tiempo: el aprendizaje asociativo. A todo el mundo le resultará familiar el concepto del *perro de Pávlov* e incluso quizás los estudios de condicionamiento operante de

Burrhus Frederic Skinner. El cerebro humano es una máquina de establecer relaciones causales entre eventos y de construir aprendizajes basados en estas relaciones. Estos aprendizajes pueden implicar conceptos como que la presencia de nubes propicia la posibilidad de que llueva, pero también pueden precipitar eventos estrictamente fisiológicos, como en el caso del perro de Pávlov era la asociación de un sonido con la entrega de comida y, por ende, conseguir que la presentación de este sonido en ausencia de la comida anticipada desencadenara una respuesta fisiológica a nivel gástrico. Este tipo de aprendizajes incontrolables los hacemos involuntariamente, y un claro ejemplo de ello es una situación tan cotidiana como la imposibilidad de aguantar las ganas de orinar si vemos a lo lejos un inodoro, o si entramos en él tras haber estado aguantándonos las ganas. O cuando, tras haber tenido una experiencia horrible con una persona, el mero hecho de anticipar que la volveremos a ver o el hecho de encontrarnos con ella dispara toda una cascada de eventos fisiológicos como taquicardia, sudoración, malestar, etcétera. Pues estos mismos mecanismos de aprendizaje, de asociación entre acontecimientos y entre estímulo y respuesta son los que, de algún modo, gobiernan el despliegue del recuerdo prospectivo cuando sucede el evento. En este caso, la asociación entre llamar a Jaime o comprar leche se ha asociado con el hecho «a las 19 h» o con el de «al pasar por el supermercado». De este modo, cuando nos topamos o anticipamos la llegada del acontecimiento, involuntariamente se desencadena el recuerdo.

Pero, como decía, un elemento imprescindible para que uno de estos tipos de memoria episódica opere de manera adecuada es el procesamiento del paso del tiempo. Todos los seres humanos, en circunstancias «normales», experimentamos el tiempo. De hecho, la experiencia subjetiva misma de la realidad es indisociable de nuestra experiencia del tiempo, permitiéndonos sentir la duración de los eventos, ubicar en el tiempo algún suceso o percibir el paso del tiempo. Sin embargo, a pesar de ser un acto tan cotidiano como universal, nuestro conocimiento relativo de los procesos exactos que permiten esta función es parcial. Lo que sí sabemos es que distintas poblaciones de neuronas distribuidas a lo largo de múltiples territorios cerebrales exhiben una actividad oscilatoria rítmica que ha dado lugar a que se contemple la posibilidad de que, en esencia, estas neuronas actúen como un *marcapasos*. Esta actividad oscilatoria regular en sí misma no permite experimentar ni estimar el tiempo, sino que para ello se requiere un sistema que, frente a determinados sucesos, se active y actúe como un acumulador de oscilaciones, esto es, que acumule unidades de oscilaciones neuronales al inicio de un determinado evento y que termine esta acumulación al final. Se supone que este proceso de acumulación sucede básicamente en el ámbito de nuestra memoria de trabajo y que, de algún modo, el total de unidades almacenadas determina la experiencia del tiempo. Pero, nuevamente, la capacidad de la memoria de trabajo para operar con la información en curso es limitada y susceptible de fallos mediados, por ejemplo, por lo que estemos haciendo con nuestra atención. De este modo, si contemplamos estas oscilaciones como marcadores del paso del tiempo como si de un cronómetro se trataran, un determinado número de oscilaciones almacenadas correspondería con una determinada duración. Si el despliegue de pocos recursos atencionales se supone que incide sobre el número de oscilaciones acumuladas en nuestra memoria de trabajo, esto daría lugar a que, bajo determinadas circunstancias, tuviéramos una impresión de poco tiempo pasado, algo que todos experimentamos cuando nos distraemos y de pronto descubrimos que han pasado quince minutos cuando nosotros teníamos la impresión de que solo habían pasado cinco. Por el contrario, el despliegue absoluto de atención sobre estos procesos daría lugar a una sobrestimación del tiempo y a la experiencia subjetiva de un paso del tiempo más lento, como cuando esperamos a que el agua hierva sin quitarle el ojo. Paralelamente, sabemos que este sistema de marcapasos es sensible a otros procesos fisiológicos que pueden alterar la tasa de conteo o la tasa de oscilaciones neuronales. De este modo, determinados estados emocionales pueden propiciar modificaciones en la tasa de oscilaciones al alza o a la baja, explicando, así como ciertas sensaciones modifican nuestra percepción del tiempo, algo que experimentamos todos tanto cuando estamos disfrutando como cuando nos exponemos a alguien muy molesto. Y es que, incuestionablemente, una película buena no tiene la misma duración que una película mala, ni tarda el mismo tiempo en hervir el agua si la miramos o si no lo hacemos, ni los 20 segundos de caída libre cuando alguien se lanza por primera vez en paracaídas se experimentan como solo 20 segundos.

Gracias a esta arquitectura neurocognitiva dedicada al procesamiento del tiempo, construimos una realidad relativa al tiempo y con ella ubicamos nuestros recuerdos en determinados puntos temporales de nuestra historia vital. Por ello somos capaces de saber, de sentir y de recordar que esa fiesta tuvo lugar hace cinco años, que ayer fuimos a Madrid o que estuve con Javier el pasado lunes durante unos 45 minutos. Estas memorias relativas a ubicar determinados eventos en el tiempo resultarían imposibles sin esa estructura, llamada hipocampo, de la que ya hemos comentado y que juega un papel crucial en la memoria episódica. Por ello, una de las consecuencias casi inevitables de las lesiones del hipocampo es la desactualización de la realidad que vive el sujeto con relación al tiempo, así como los fallos en la ubicación de sus recuerdos en el tiempo. Esto nos permite entender cómo y por qué una persona afectada por una enfermedad de Alzheimer puede afirmar que hace dos días estuvo con su padre a pesar de que su padre falleciera hace 45 años. Básicamente, porque el recuerdo de su padre esta desactualizado en el tiempo, ocupando un lugar que corresponde al presente.

Pero las anomalías en el procesamiento del tiempo en ocasiones adquieren matices o formas espectaculares que, sin duda, resultan más frecuentes en el contexto de una patología, pero que eventualmente pueden suceder de manera transitoria en la normalidad. Algunos ejemplos de estas anomalías son las que denominamos *experiencias de desfase temporal* o *time-gap*. Estas experiencias pueden suceder en la más absoluta normalidad, cuando realizamos tareas habituales y rutinarias, como conducir al trabajo. Debido precisamente al componente rutinario, solemos realizar estas tareas desplegando muy poca capacidad atencional sobre lo que hacemos. Dicho de otro modo, mucha gente que va cada día a la misma hora al trabajo lleva a cabo esta acción mientras piensa en otras cosas, no en cómo está dirigiéndose al trabajo. Al no dedicar atención al proceso que se está realizando, es habitual que, cuando finaliza la acción, esto es, cuando se llega al trabajo, tengamos la impresión de que el viaje ha sido extraordinariamente corto, o incluso de no saber cómo llegaron. En las amnesias globales transitorias estos fenómenos suceden de un modo exageradísimo y las personas que las experimentan siguen comportándose con normalidad e incluso realizando tareas complejas como conducir. Pueden haber dedicado minutos y hasta horas a la tarea, pero sin ser conscientes de ello, de modo que, en un determinado momento, al recobrar la lucidez, no saben qué han estado haciendo o cómo han llegado a un determinado lugar. Este fenómeno explica en gran medida esos sucesos de aparente viaje temporal que algunas personas refieren haber vivido y que suelen relacionarse con sucesos sobrenaturales, cuando explican que subieron al coche, salieron camino al trabajo y de pronto se encontraron en Valencia. En estos casos, lo que realmente sucedió fue un episodio de amnesia global transitoria durante el cual la persona ha estado realizando toda una secuencia de actos sin desplegar atención.

Hace algún tiempo visité a un joven que había desarrollado un patrón compulsivo de conducta sexual que le mantenía continuamente conectado a distintas aplicaciones de contactos día y noche. Para mantenerse despierto, tomaba grandes cantidades de café y de estimulantes y así podía dedicar todo el tiempo posible a intentar hacer *match* con chicas de las aplicaciones. Tras varios días sin prácticamente dormir y totalmente absorbido por este comportamiento compulsivo, se citó con una chica para mantener relaciones sexuales en la casa de ella. Una vez allí, algo sucedió repentinamente. El chico no podía recordar ni qué pasó, ni cuándo, ni cuánto tiempo duró. Solo recordaba que había ido caminando de su casa a la casa de la chica en un trayecto a pie de unos 15 minutos, que llegó y que de pronto se encontró de noche a 45 minutos de su casa, sentado en una banca en un parque. Posteriormente, pudimos hablar con la chica y nos contó que la cita había empezado de un modo muy normal, pero que repentinamente él había empezado a hablar en una lengua extraña e incomprensible, que se puso a sudar y a realizar conductas extrañas hasta que, sin previo aviso, salió corriendo de su departamento. La propia descripción de lo que había sucedido aportaba una valiosísima información para entender el fenómeno. Lo más probable es que la falta de sueño y los estimulantes hubieran precipitado un tipo de crisis epiléptica y que habría asociado un fenómeno de amnesia global transitoria que duró desde que el chico llegó al departamento de la chica hasta que se encontró sentado en la banca.

En la mayoría de casos, los episodios de alteración de la percepción del tiempo son benignos y, más que nada, anecdóticos. También puede llegar a ser relativamente normal que algunas personas experimenten en algún momento de su vida episodios de amnesia global transitoria en ausencia de una enfermedad de base. De hecho, más allá de la epilepsia o de determinados acontecimientos cerebrovasculares, estos episodios comparten muchos elementos con lo que denominamos *amnesias disociativas* y definen episodios de alteración transitoria de la memoria que pueden llegar a ser muy severos, pero para los cuales el desencadenante es un suceso emocionalmente muy intenso o traumático. En este sentido, es relativamente frecuente que, por ejemplo, en atentados perpetrados contra civiles suceda que durante varias horas un número destacable de personas se encuentren desaparecidas. Lo cierto es que, por desgracia, una parte de estos desaparecidos posiblemente estarán entre las víctimas aún por identificar, pero otra parte, con relativa frecuencia, la forman grupos de personas que debido a la vivencia traumática del atentado desarrollan episodios agudos de amnesia disociativa durante los cuales pueden pasarse minutos, horas o días vagando sin rumbo.

SEGUNDA PARTE

LAS NORMALES PERCEPCIONES ANORMALES

Somos seres perceptivos, puesto que, inevitablemente, la realidad que experimentamos resulta indisociable del significado que atribuimos a los estímulos que acceden a nuestro ser a través de los sistemas sensoriales. Percibimos con el cerebro, pero lo hacemos a través de la piel, del olfato, de la vista, del gusto, del oído y de otros sistemas que nos permiten también ser conscientes de nuestra postura, nuestra localización en el espacio, dónde tenemos la mano derecha, la distancia, la velocidad, el tamaño, la familiaridad o incluso la presencia y la ausencia.

La percepción, es decir, el modo como organizamos e interpretamos toda la cascada de estímulos que impactan contra nuestros sistemas sensoriales, no se produce en la lengua, ni en los ojos, los oídos o la piel. Sucede en el cerebro, un cerebro que interpreta y, por ende, dota de significado aquellas señales que recibe.

Para hacerlo, para interpretar el mundo y dotarlo de significado, el cerebro se nutre de toda la información disponible. Ello incluye información inherente a las características del estímulo al que nos exponemos, sea la forma, el tamaño, el movimiento, etcétera. Pero también incluye el uso del conocimiento previo para facilitar la percepción y el reconocimiento de aquello que vemos, escuchamos o, en definitiva, sentimos.

La percepción, con todos sus matices, es un proceso que sucede de manera continua y a una ingente velocidad.

No vemos ni escuchamos ni experimentamos el mundo en cámara lenta, sino que automáticamente elaboramos todo aquello que nos rodea, aparentemente, en tiempo real. Pero el caso es que, en gran medida, nuestro cerebro, a partir del uso del conocimiento previo y de algunos elementos presentes en los estímulos que recibe a través de los órganos sensoriales, se anticipa a lo que es la realidad y eso nos permite tener la experiencia consciente en tiempo presente, tal y como todos la tenemos. Ello implica que la realidad que observamos y sentimos en primera instancia es, en verdad, la realidad que el cerebro ha anticipado como más probable y que, posteriormente, tras someter esos datos a evaluación, ha determinado si era o no aquella que había anticipado. Nada de esto lo hacemos de un modo consciente, a no ser que la complejidad de los estímulos que nos llegan sea tal que debamos dedicar un esfuerzo cognitivo a analizar meticulosamente aquello que estamos viendo o escuchando para ser capaces de atribuirle significado. Cuando el volumen bajo y el ruido de fondo dificultan la escucha de las palabras o cuando la falta de luz interfiere en la correcta observación de un objeto complicado, entonces sí, analizamos meticulosamente y vamos siendo capaces, poco a poco, de atribuir significado, aunque en ese caso pagamos el precio de fatigarnos.

Como hemos ido viendo, parece que una de las habilidades que ha adquirido el cerebro humano por la forma que tiene de desplegar sus funciones es la de intentar garantizar la eficiencia, o sea, conseguir realizar sus funciones sin consumir todos los recursos. En este sentido, construir una realidad probabilística que anticipe aquello que realmente es lo que impacta contra nuestros sentidos supone precisamente una clara estrategia para garantizar la eficiencia del sistema. También hemos visto que, de forma paralela, el cerebro humano continuamente despliega procesos de monitorización o de supervisión, de modo que incluso en ausencia de consciencia explícita sobre lo que está haciendo resulta previsible suponer que estos sistemas supervisores se encargan de cotejar aquello que el cerebro ha anticipado que estaba sucediendo ahí fuera con lo que en efecto está sucediendo.

Si en gran medida nuestra experiencia del mundo es una inferencia que un sistema supervisor asume como correcta, entonces, ¿hasta qué punto es previsible que puedan fallar estos procesos? Y, lo más importante, ¿qué sucede cuando fallan? ¿Qué conlleva que lo que nuestro cerebro ha anticipado no case con la realidad externa?

La respuesta a ambas preguntas la tenemos continuamente en el contexto de nuestra experiencia diaria, pero, en resumen, efectivamente estos procesos fallan y su consecuencia más evidente es que se desencadenan percepciones transitorias anormales, es decir, ilusiones o alucinaciones.

Una ilusión hace referencia al proceso mediante el cual un estímulo es percibido de un modo distinto a como es en realidad, pero el estímulo como tal está presente. Por ejemplo, son ilusiones visuales y auditivas confundir corriendo por el bosque una rama con un perro o haber escuchado mal una palabra y creer que nos han dicho otra cosa. En contraposición, la alucinación hace referencia a la percepción, a través de cualquier modalidad sensorial, de un estímulo que en esencia no existe y está absolutamente ausente. Por ejemplo, haber visto a una persona de pie en medio de una carretera completamente vacía o haber escuchado una voz hablándonos directamente.

Por supuesto, el desarrollo de alucinaciones o determinadas formas de ilusiones persistentes forma parte de distintos procesos patológicos bien conocidos, cuyo estudio nos ha permitido comprender mejor los mecanismos que precipitan el desarrollo de estas experiencias. Pero dentro de la más absoluta normalidad es totalmente previsible que podamos experimentar fenómenos perceptivos anormales, fruto de pequeños fallos en los sistemas dedicados a interpretar el mundo. Además de eso, el uso que hacemos de nuestro conocimiento para dar significado a nuestras experiencias jugará, como veremos, un papel trascendental a la hora de atribuir un sentido u otro a este tipo de vivencias. Con ello, veremos más adelante que la forma en la que se interpretan y se recuerdan estas experiencias perceptivas aparentemente anormales juega un papel crucial en la construcción de algunos elementos prototípicos del mundo de lo sobrenatural.

7

¿ME HAS LLAMADO?

En ocasiones nos ha parecido oír nuestro nombre o que alguien nos llamaba cuando en realidad, *a posteriori,* hemos podido comprobar que no había sido así. Y es que en ausencia de un estímulo real resulta relativamente fácil, especialmente en determinadas circunstancias, que se produzcan pequeñas experiencias transitorias de ilusiones perceptivas que sobre todo adquieren el aspecto de estímulos familiares, como, por ejemplo, oír nuestro nombre.

Percibir algo de un modo distinto a como se configura un estímulo, o incluso percibir algo en ausencia de un estímulo, es una experiencia que muchas personas viven con discreción e incluso temor, puesto que todo lo que tiene que ver con el mundo de las alucinaciones nutre, en gran medida, muchos de los estereotipos relativos a los problemas de salud mental y al mundo sobrenatural.

Efectivamente, existen fenómenos perceptivos complejos y reiterados que causan un enorme y continuo impacto en la vida de las personas que los experimentan y que, en esencia, forman parte de los elementos que acompañan ciertas enfermedades psiquiátricas y neurológicas. Pero eso no significa que una persona que haya experimentado este tipo de fenómenos padezca necesariamente una enfermedad que comprometa al cerebro. Y en absoluto quiere decir que, en caso de existir un desencadenante mediado por la afectación cerebral, no exista tratamiento o que solo se pueda hablar de un desenlace fatal.

Una vez más, forma parte de la neuropsicología de la vida cotidiana que en determinadas ocasiones hayamos podido vivir pequeñas experiencias ilusorias o alucinatorias, más o menos complejas, generalmente autolimitadas en el tiempo y de breve duración, que se pueden haber repetido en varias ocasiones y que en ningún caso reflejan un problema cerebral o una enfermedad. ¿Por qué suceden y cuáles son las más frecuentes?

Por su carácter estable, continuo, previsible e irrelevante dejamos de sentir o de experimentar millones de estímulos que llegan a nosotros o que suceden continuamente. Por ejemplo, durante largas y monótonas horas de trabajo sentados no sentimos las plantas de nuestros pies apoyadas en el suelo ni nuestro trasero posado en la silla. Eso sí, si tomamos consciencia de que están allí, si orientamos nuestra atención a estos segmentos de nuestro cuerpo, entonces los podemos sentir. Cuando alcanzamos un objeto con la mano, tampoco tenemos la experiencia previa al movimiento de ser conscientes de dónde está ubicada nuestra mano con respecto al objeto que queremos alcanzar ni con respecto a nuestro cuerpo. A pesar de ello, si nada falla, alcanzamos el objeto con exquisita precisión.

Lo regular e irrelevante desencadena lo que denominamos *habituación sensorial*, que no es otra cosa que una forma de adaptación a todo aquello que sucede en nuestro entorno y que no tiene un valor relevante. Este fenómeno básicamente sucede como consecuencia de la saturación de los sistemas sensoriales y la disminución de la tasa de respuesta por parte del sistema nervioso cuando ciertos estímulos se repiten una y otra vez. Por ejemplo, tras vernos impactados por un olor muy fuerte o fétido, dejamos de olerlo progresivamente. De la misma manera, cuando estamos inmersos en una determinada tarea, dejamos de escuchar el ruido de fondo poco a poco. Incluso cuando algo nos duele fruto de una herida o lesión, gradualmente vamos sintiendo cada vez menor dolor.

Estos mecanismos de habituación sensorial resultan extremadamente relevantes atendiendo a algo que ya se ha comentado anteriormente. La capacidad atencional humana es limitada pero absolutamente necesaria para procesar con profundidad aquellos elementos que, en efecto, merecen atención. En ausencia de habituación, estaríamos continuamente orientando y reorientando nuestra atención de manera involuntaria a toda la cadena de sucesos sensoriales de nuestro entorno y eso limitaría profundamente nuestra capacidad de centrarnos en aquello que es relevante.

En determinadas condiciones, por ejemplo, en los trastornos del neurodesarrollo que denominamos del *espectro del autismo* o TEA, existen en muchos casos evidentes dificultades para que estos procesos de habituación sucedan de manera eficiente. Es por ello que muchas personas que conviven con esta afección presentan respuestas emocionales y conductuales muy exageradas cuando se exponen a contextos repletos de estímulos o a estímulos novedosos, como podría ser, por ejemplo, un centro comercial. Esto es debido a que, sin la correcta eficiencia de estos sistemas de habituación, o todos o muchos de los continuos estímulos que suceden en el entorno son percibidos. Así que imaginémonos el caos que podría suponer estar en un centro comercial y percibir por igual el sonido de las palabras de la gente, sus pasos, los anuncios por los altavoces, las intensidades de la luz, todos los objetos presentes en las estanterías, etcétera. Y no es necesario plantear un escenario tan complejo y rico en estímulos: por ejemplo, sentir continuamente el tacto de determinadas prendas de ropa puede desencadenar una respuesta parecida en las personas con un TEA. De este modo, detrás de las conductas estereotipadas y repetitivas que de manera tan característica se observan en el autismo posiblemente haya, en parte, una estrategia dirigida a una función: aislarse del ruido del mundo.

Todo lo que impacta con nuestros órganos sensoriales no tiene en sí mismo un significado, sino que lo adquiere como consecuencia de toda una serie de procesos cerebrales dedicados a la integración de la información y a la atribución de lo que significa aquello que estamos sintiendo.

Una cuchara en sí misma, como objeto, sin un cerebro que le dé un significado, no es una cuchara. Podrá ser algo con una forma determinada y de un material específico, pero el concepto «cuchara» y su utilidad es algo que adquirimos a través de la experiencia y que empleamos posteriormente para dar sentido a lo que estamos viendo. Algo análogo sucede por ejemplo con la palabra «futbol», que en sí misma no es nada más que una secuencia gráfica conformada por una serie de elementos que denominamos letras a los cuales hemos asociado un sonido y que agrupados de una determinada manera dan lugar a un vocablo que significa un tipo de deporte. Evidentemente, si expusiéramos a una persona que nunca ha visto una cuchara, vería el objeto, pero no sabría lo que es. Del mismo modo, si enseñáramos a una persona que jamás ha aprendido a leer o que desconoce nuestro vocabulario la palabra «futbol» solo vería unos «dibujitos», pero no podría leerla, ni pronunciarla, y mucho menos comprenderla. Perder la capacidad para acceder al significado de lo que vemos y, por tanto, perder la capacidad para reconocer es lo que, cuando adquiere un carácter patológico, como ya he comentado, denominamos *agnosia*. Lo curioso es que hay zonas cerebrales tan especializadas en los procesos de reconocimiento de determinadas cosas en particular que las agnosias pueden afectar selectivamente a un proceso perceptivo sin que otros se vean comprometidos. Por ejemplo, más allá de las agnosias visuales o la prosopagnosia ya descrita, existen formas de agnosia tan peculiares como la *agnosia cinética* o incapacidad para percibir el movimiento; la *asterognosia* o incapacidad para reconocer la forma de los objetos a través del tacto; la *amusia,* una forma de agnosia auditiva que imposibilita el reconocimiento de la música; la *asomatognosia* o incapacidad para reconocer determinadas partes del cuerpo, o la *anosognosia* o incapacidad para reconocer la magnitud o la presencia de los síntomas inequívocos que una persona padece.

El modo en que accedemos al significado de las cosas, por ejemplo, de las palabras, ilustra la existencia de una secuencia de procesos fascinantes en cuanto a su eficiencia. Cualquier persona que haya adquirido y desarrollado de manera correcta los procesos lingüísticos no puede evitar leer y comprender automáticamente aquello que se le presenta en forma de palabras. Cualquier persona que haya aprendido lo que es un tenedor no puede evitar ver y reconocer el tenedor cuando lo observa, y lo mismo sucede al exponernos a conceptos descritos en palabras. Esto es, no podemos leer y no entender automáticamente las palabras «casa» o «rincón». En el caso de las palabras esto es así, a no ser que presentemos un tipo de dificultad que, *grosso modo,* se caracteriza por una pobre eficiencia de los procesos de acceso al léxico: la *dislexia*.

Las personas con dislexia, entre otras dificultades, leen las palabras de un modo parecido a como lo haríamos nosotros sin nos expusieran a una palabra desconocida, por ejemplo, *tasapainoilija* («funambulista», en finlandés). En consecuencia, al no poder realizar una lectura global sino por unidades, las personas con dislexia suelen tener problemas para acceder rápidamente al significado de aquello que leen, puesto que el automatismo que acompaña al reconocimiento es deficitario. Además, precisamente dado el carácter predictivo de la percepción, en muchas ocasiones tienden a hacer lo que denominamos *lexicalificaciones,* que no es otra cosa que transformar lo que leen en una palabra familiar o, al revés, convertirla en algo más complejo. Por ejemplo, leer «iglesia» o «inglesa» en lugar de *eglesa.*

Estos conceptos resultan exquisitamente relevantes atendiendo a que ejemplifican muy bien un rasgo esencial de todo fenómeno perceptivo y es que, como ya he adelantado, la percepción se sirve de la previsibilidad y del conocimiento previo para rápidamente dotar de significado aquello que procesa o sucede en el entorno.

¿Qué significa todo esto y qué tiene que ver con percibir cosas que no están o con tener alucinaciones? En esencia, el mundo que experimentamos no es como pensamos que es, sino como nuestro cerebro anticipa, predice y construye. Por ende, la realidad percibida es aquello que el cerebro considera más probable y, por ello, todos experimentamos ciertas ilusiones visuales cuando estas se construyen deliberadamente para provocar que el cerebro perciba aquello que es más probable. Por ejemplo, en la ilustración de Van Gogh (a la derecha) resulta imposible no ver uno de los recuadros más oscuro o claro que el otro, cuando, en realidad, ambos recuadros tienen exactamente el mismo tono. En el contexto donde están inmersos, atendiendo a la aparente disposición de la luz y las sombras, el cerebro considera que, basándose en el conocimiento previo, uno de los recuadros debe ser más oscuro y el otro más claro y por eso, por más que nos esforcemos, los vemos como el cerebro decide que los deberíamos ver.

Otro fenómeno relativo a la construcción probabilística de aquello a lo que nos exponemos es nuestra capacidad para comprender con relativa habilidad el siguiente texto o identificar un personaje en particular en el siguiente dibujo:

3N UN LU64R D3 L4 M4NCH4 D3 CUY0 N0MBR3
N0 QU13R0 4C0RD4RM3, N0 H4 MUCH0 71EMP0
QU3 V1V14 UN H1D4L60 D3 L0S D3 L4NZ4 3N 4S71LL3R0,
4D4R64 4N716U4, R0C1N FL4C0 Y 64L60 C0RR3D0R

La figura superior (letras) ilustra el fenómeno predictivo que acompaña a la lectura y cómo accedemos al significado de las palabras automáticamente. La inferior (cuadro) muestra cómo el cerebro atribuye significado a lo que percibe cuando existe un conocimiento relacionado con lo que está viendo. En este caso, la disposición de los cuadros y colores nos hace reconocer el rostro de Van Gogh siempre que conozcamos el famoso autorretrato de Van Gogh.

De hecho, la construcción del lenguaje y la propia construcción del mundo siguen un modelo probabilístico tan obvio y automatizado que no podemos tampoco evitar anticiparnos a las palabras o conceptos que resultan más probables en un determinado contexto lingüístico, por ejemplo, cuando leemos: «Voy a beber agua porque tengo mucha...» o «Después de todo un año trabajando tengo ganas de que lleguen las...».

Otro fenómeno curiosísimo en la misma dirección es el efecto McGurk, descrito por los psicólogos Harry McGurk y su colega John MacDonald en 1976, un fenómeno perceptivo que se puede entender buscando información en internet y experimentando después sus múltiples formas. Este efecto ilustra, de una manera muy simple, el papel que tiene la integración multisensorial, es decir, el uso de toda la información disponible en la percepción del mundo al que nos exponemos. En su forma clásica, se presenta un estímulo auditivo simple que suele ser «ba» y que se va repitiendo. Simultáneamente, aparece una persona cuyos labios no se colocan acorde a la posición necesaria para pronunciar «ba» sino para pronunciar «ga». Pues bien, cuando el cerebro integra las dos pistas sensoriales que recibe, la auditiva y la visual, nos hace escuchar «da» o «tha».

En lo relativo a las percepciones ilusorias o a las pequeñas alucinaciones benignas que todos podemos experimentar cuando creemos haber escuchado nuestro nombre o un teléfono sonando, muchos de estos elementos juegan un papel esencial, aunque estos fenómenos pueden suceder como consecuencia de distintos mecanismos.

A la impresión de haber oído nuestro nombre podría haber una posible explicación si la sensación se produce en un ambiente relativamente ambiguo o ruidoso. En el mejor de los casos, en ese contexto los procesos de habituación habrán filtrado todo ese ruido de fondo, pero, si por algún motivo aleatorio ciertos estímulos auditivos se llegaran a agrupar de modo que momentáneamente llamaran la atención de nuestros sistemas cognitivos, indefectiblemente se pondrían en funcionamiento los procesos destinados a reconocer esos estímulos. Si por sus características sonoras esos estímulos tuvieran cierta similitud con el espectro sonoro que acompaña las letras que componen nuestro nombre, los procesos de anticipación y de uso del conocimiento previo para dotar de sentido al contexto externo podrían perfectamente llegar a la solución de que lo que se ha oído es nuestro nombre y, en consecuencia, «oiríamos» nuestro nombre. Esto es, como quizás algunos habrán razonado, básicamente análogo al fenómeno que sucede cuando experimentamos pareidolias faciales frente a estímulos ambiguos.

Otra posible explicación tiene que ver con la forma en que el cerebro aprende a establecer relaciones causales entre estímulos o sucesos, de modo que la aparición de un fenómeno anticipa la aparición de otro. Esta forma de aprendizaje sucede en ausencia de conocimiento explícito, de manera que, sin darnos cuenta, vamos incorporando a nuestro repertorio experiencial toda una serie de relaciones de causalidad. Cuando un estímulo resulta previsible como consecuencia de la previa aparición de otro estímulo, o como consecuencia de una determinada regularidad en el tiempo, es muy fácil que lleguemos a percibirlo si se cumplen las condiciones adecuadas. Por ejemplo, ese maldito goteo en el baño, ese «ploc... ploc... ploc... ploc...» que de día nadie oye, pero que de noche se vuelve absolutamente insoportable. La regularidad con la que sucede y lo previsible que es que vuelva a suceder, junto con la ansiedad con la que anticipamos que sucederá, provoca que incluso cuando deja de suceder podamos seguir oyéndolo.

Y es que no hay mayor presencia que la de la ausencia, y es por ello que, precisamente, otro de los mecanismos que puede fácilmente precipitar una experiencia de este tipo es que deje de suceder algo que hasta el momento había sido previsible y regular en un entorno determinado. Como ya se ha explicado anteriormente, el cerebro tiene la brillante capacidad de rellenar los vacíos con aquello que conoce. Lamentablemente, todos en algún momento vivimos la delicada experiencia de que alguien próximo a nosotros, un ser humano, un familiar o un animal de compañía, desaparezca para siempre. Cuando esto sucede de un modo repentino, nosotros sabemos que ese ser ya no está, pero en los engranajes del conocimiento adquirido por parte de nuestro cerebro esa representación sigue existiendo. La persistencia de esta representación facilita que en la ausencia muchas personas hayamos oído los sonidos más habituales de quien ya no está, puesto que, precisamente por su ausencia, la falta de un estímulo habitual provoca que el cerebro rellene ese vacío construyendo por su cuenta la percepción de un estímulo que ya no aparece.

En mi caso, la experiencia más obvia que he vivido relacionada con este último ejemplo tiene que ver con la muerte repentina de mi gato Pancho. Durante doce años fuimos los mejores amigos, como podría reconocer cualquiera que haya amado a un animal doméstico. Cada noche Pancho, antes de acostarse en mi regazo, arañaba las maltrechas sillas de mimbre del comedor produciendo ese sonido tan particular. Durante las noches siguientes a su muerte, seguí oyendo en muchas ocasiones el sonido de sus arañazos, y de vez en cuando también alguno de sus maullidos. Un fenómeno muy similar, y mucho más intenso, lo experimentan las personas que pierden a un ser querido y siguen oyéndolo momentáneamente por la casa. Yo mismo, que tuve la fortuna de conocer a mi bisabuela, recuerdo que al final de sus días empleaba una pequeña campanita para avisar por la noche a mi abuela si necesitaba algo. Tras su fallecimiento, durante varios meses, mi abuela seguía oyendo con relativa regularidad el sonido de esa pequeña campanita, aunque obviamente ya no había nadie haciéndola sonar.

Privar al cerebro o a los órganos sensoriales de los estímulos a los que está habituado es uno de los mecanismos a través de los cuales podemos inducir con más facilidad fenómenos de alucinaciones en personas totalmente sanas. Además, en determinadas condiciones patológicas donde la integridad de los órganos sensoriales se ve comprometida, pero no la de las áreas cerebrales dedicadas a procesar los estímulos sensoriales, puede suceder uno de los fenómenos más espectaculares desde el punto de vista de las experiencias alucinatorias: el conocido como síndrome de Charles Bonnet. Esta afección sucede en personas con una pérdida importante de visión (o también de audición), y desencadena que deje de llegar información sensorial del mundo externo a las áreas cerebrales dedicadas al procesamiento y reconocimiento. La dramática ausencia de estimulación puede provocar que las áreas cerebrales implicadas en la percepción se desinhiban, precisamente por no recibir ningún estímulo de entrada. La consecuencia de todo ello, que define el cuadro clínico del síndrome de Charles Bonnet, es que la persona experimenta repentinamente una cascada de alucinaciones visuales (o auditivas) extraordinariamente ricas y complejas en cuanto a forma y contenido, sin que en ningún caso ello suponga un signo sugestivo de patología psiquiátrica ni necesariamente neurológica.

De un modo parecido, es decir, como consecuencia de la pérdida de estímulos sensoriales de entrada, los contextos que se acompañan de una notable deprivación sensorial pueden desencadenar formas más o menos complejas de alucinaciones visuales y/o auditivas. En algunos de los estudios clásicos realizados con candidatos a astronautas para supuestos viajes espaciales de larga duración, se estudiaron toda una serie de variables fisiológicas y psicológicas durante prolongados periodos de confinamiento en entornos similares a una nave espacial. Una de las consecuencias más evidentes de estas formas de confinamiento fue el desarrollo de alucinaciones visuales y auditivas en los participantes de estos estudios. Otro ejemplo que ilustra perfectamente el efecto de la deprivación sensorial sobre el desarrollo de alucinaciones puede encontrarse en el efecto Ganzfeld, presentado por el psicólogo Wolfgang Metzger en 1930. Esta situación se consigue cuando, usando distintas técnicas, se priva a una persona de estimulación auditiva y visual significativa, o lo que es lo mismo, se induce una deprivación sensorial. Para lograr este efecto, se necesita crear un patrón de estimulación uniforme tanto auditivo como visual. Ello se consigue empleando, por ejemplo, pelotas de ping-pong cortadas por la mitad que se colocan sobre los párpados o unos lentes especiales que aíslen completamente los ojos del exterior. Luego, se debe usar una iluminación tenue y continua que no dé lugar a ningún tipo de sombra. Paralelamente, se suelen utilizar auriculares a través de los cuales se expone al sujeto a un ruido blanco continuo. Una vez la persona se encuentra inmersa en este estado de deprivación sensorial externa, a los pocos minutos suelen empezar a aparecer los primeros signos de alucinaciones visuales e incluso de sensaciones de levitación del cuerpo, como consecuencia de la hiperactividad de las áreas visuales y auditivas en respuesta a la deprivación sensorial.

Durante los periodos de confinamiento provocados por la pandemia de COVID-19, muchas personas nos vimos repentinamente expuestas a prolongados periodos en un entorno infinitamente menos estimulante que al que estábamos habituados. Esta ausencia de estimulación supuso en determinados casos, especialmente en la población vulnerable, un aumento de la frecuencia y complejidad de episodios de alucinaciones visuales que algunos ya presentaban antes, como es el caso de ciertos pacientes con enfermedad de Parkinson. Pero también hubo personas completamente sanas que en algún momento vivieron esas experiencias que nunca antes habían sentido. El confinamiento supuso, lamentablemente, un extraordinario experimento para volver a demostrar el enorme peso que tiene el modo en el que nos relacionamos con el mundo externo y con un contexto rico en estímulos en el funcionamiento normal de nuestro sistema nervioso y, por consiguiente, en nuestro bienestar psicológico. No debemos olvidar que, en gran medida, somos una consecuencia de haber estado expuestos en los primeros periodos críticos del neurodesarrollo, y a lo largo de la vida, a un entorno estimulante. Sin ese entorno, por más predisposición genética inherente de nuestra especie, nunca hubiéramos alcanzado los hitos del neurodesarrollo. Por ello, porque la función cerebral es indisociable de la estimulación que recibe, no existe nada más terrible para un cerebro sano, y especialmente para un cerebro comprometido, que privarlo de la estimulación. Tras la pandemia vivimos otra pandemia de casos de personas cuyas patologías neurocognitivas, ya presentes antes del confinamiento, se desbordaron por completo durante esos días y de otras personas que tras el confinamiento empezaron a mostrar signos evidentes de deterioro cognitivo. Todos estos casos son un excelente ejemplo de hasta qué punto un cerebro que lleva tiempo enfermando es capaz de lidiar con los primeros cambios gracias al despliegue de mecanismos de compensación, pero, al interrumpir de manera abrupta y continua la estimulación, estos mecanismos fracasan dando lugar al aparente debut de procesos que, en realidad, ya llevaban tiempo progresando lentamente.

Por todo ello no existe técnica dedicada a la estimulación cognitiva más completa, ni con mayor evidencia científica, que la exposición regular a un entorno estimulante. No es necesario alimentar nuestros procesos cognitivos empleando complejos aparatos o programas de computadora cuya eficacia resulta más que cuestionable. Es mucho más sencillo hacer algo que se aplica tanto al contexto de la normalidad como al de la enfermedad, y que en definitiva nos ha construido tal y como somos: no dejar nunca de exponernos a la riqueza de los estímulos del mundo en que el vivimos.

8

APARICIONES NOCTURNAS

Quizás en este punto estemos ya relativamente convencidos tanto de la benignidad de algunos fenómenos ilusorios y alucinatorios como de la explicación general que hay detrás de estos. Pero seguramente cualquier lector podrá pensar que, más allá de haber tenido la impresión de oír un nombre o los arañazos de un gato, existen eventos perceptivos mucho más complejos en cuanto a su riqueza o en cuanto a la experiencia sensorial que asocian.

Ejemplos de ello son fenómenos ampliamente reportados a lo largo de nuestra historia y que, sin duda alguna, también han contribuido de un modo muy significativo a nutrir el imaginario relativo al mundo de lo paranormal. Sin pretender cuestionar las experiencias que se hayan podido tener o el significado que se les haya querido atribuir, y, por supuesto, sin pretender argumentar que yo disponga de una explicación para todos estos fenómenos, sí que me permitiré ilustrar una serie de situaciones aparentemente sobrenaturales y muy particulares de las cuales, en gran medida, conocemos el mecanismo neuronal que las provoca.

Las alucinaciones de presencia definen momentos durante los que las personas suelen tener una impresión muy física y real de que hay alguien que los acompaña y que habitualmente se experimenta como una presencia detrás de la espalda. En la enfermedad de Parkinson y en la demencia con cuerpos de Lewy es muy habitual que una proporción significativa de personas afectadas experimenten este tipo de alucinaciones; incluso, en algunos casos, estas aparecen años antes de que se presenten los síntomas característicos de estas enfermedades y, por lo tanto, antes de que se hayan diagnosticado. De hecho, tanto este tipo de alucinaciones como otras formas extraordinariamente complejas y floridas de experiencias visuales imposibles pueden acompañar a una amplia proporción de estos enfermos.

A lo largo de estos últimos años ha existido un creciente interés en todo lo relacionado con comprender mejor los mecanismos implicados en la aparición de estos síntomas en el marco de estas enfermedades. Los hallazgos conseguidos gracias a los estudios que se han realizado con esta intención han contribuido notablemente no solo a entender mejor la fisiopatología de estas enfermedades, sino que también nos han permitido construir modelos que nos permiten explicar los procesos que participan en estas experiencias en personas totalmente sanas. En resumen, no solo es lo que nos cuenta un cerebro afectado por una enfermedad de Parkinson o por una demencia con cuerpos de Lewy lo que nos permite comprender los mecanismos que subyacen en muchas de estas experiencias.

Uno de los fenómenos más aterradores que podemos experimentar dentro de la más absoluta normalidad neurológica es la denominada *parálisis del sueño*. Esta suele suceder durante la transición de la vigilia al sueño, y fenomenológicamente se caracteriza por despertarse y tener la absoluta impresión de no poder mover ni una sola parte del cuerpo, esto es, de estar completamente paralizado. Es un fenómeno tan frecuente que llega a afectar a una franja de entre el 8 y el 50 % de la población sana, tanto a hombres como a mujeres y a todos los grupos de edad.

Más allá de la experiencia, ya de por sí compleja y aterradora, de sentirse paralizado, en muchos casos las parálisis del sueño se ven acompañadas de una compleja constelación de fenómenos perceptivos que van desde sensaciones de alguna presencia en la habitación, sonidos o sensaciones táctiles, hasta visiones perfectamente estructuradas y elaboradas de personas, animales, objetos e incluso de seres diabólicos.

Este tipo de experiencias alucinatorias son tan frecuentes y estereotipadas que prácticamente en todas las lenguas humanas existe una palabra que da nombre a la entidad maligna que se apodera de la persona mientras duerme, que la priva del movimiento, que le causa terror y que la asfixia. Y es que otra de las sensaciones que frecuentemente pueden acompañar a las alucinaciones visuales en las personas que experimentan parálisis del sueño es la de sentir, o incluso ver, a un ser diabólico postrado sobre el pecho que dificulta la respiración. Algo que ilustró perfectamente Johann Heinrich Füssli en su cuadro *La pesadilla*.

La compleja fenomenología alucinatoria que puede desencadenarse durante los episodios de parálisis del sueño, que no debemos olvidar que suceden con plena consciencia y sin estar dormidos o soñando, define un marco conceptual más que rico para dar explicación a una infinidad de fenómenos aparentemente paranormales y habitualmente referidos en la soledad y durante la noche. Por ejemplo, recuerdo el caso de una persona que nos consultó y explicaba que había estado experimentando un fenómeno que nunca antes había vivido. Este punto es importante, puesto que este tipo de experiencias pueden suceder de manera relativamente habitual o de manera esporádica y sin previo aviso. Esta persona nos contó que, durante sus últimas vacaciones, tras volver de un largo viaje de trabajo, había alquilado con su familia una antigua masía catalana. Durante la primera noche, se despertó y refirió haber sentido, sin llegar a verla, una presencia observándolo en algún lugar de la habitación. Posteriormente, oyó unos pasos que se le acercaban y, finalmente, sin llegar a ver nada, notó en la piel de su cuello el frío aliento de la respiración de un ser invisible a su lado. Las noches siguientes se acompañaron de otros fenómenos tales como escuchar risas, sentir nuevamente esa presencia, ver sombras deambulando por la habitación e incluso notar el peso de un cuerpo sentándose en el borde de la cama. Obviamente, estas experiencias resultaron aterradoras para él y, tal y como sucede en muchas ocasiones en el marco de las parálisis del sueño, desarrolló una evidente ansiedad anticipatoria para dormir, esto es, tenía miedo de ir a dormir. Una de las noches, al despertarse experimentó la parálisis absoluta de todos los miembros de su cuerpo y desde esa incapacidad para moverse pudo ver con lujo de detalle cómo un hombre de brazos extremadamente largos y sin rostro se subía encima de la cama para luego sigilosamente postrarse encima de su pecho y no dejarlo respirar.

Como cualquiera podrá imaginar, todas estas secuencias de experiencias resultaron espeluznantes para esta persona, pero el hecho de que todos los fenómenos desaparecieran repentinamente, el que se quedara dormido inmediatamente después, el que su esposa no notara nada y el tener un más que desarrollado sentido crítico y de razonamiento científico le hicieron buscar una explicación médica y no sobrenatural. Efectivamente, lo que había vivido esta persona eran formas tremendamente estereotipadas de fenómenos de parálisis del sueño. Quizás porque en periodos de ansiedad o de estrés, de falta de sueño, de *jet lag* (como en este caso), o tras haber tomado una siesta fuera del horario o rutina habitual es más frecuente que puedan suceder episodios de parálisis del sueño, esta persona experimentó por primera vez, durante las vacaciones y en un nuevo entorno, la masía catalana, unos episodios que, hasta la fecha, no han vuelto a suceder.

Una experiencia distinta, mucho más aterradora y cuya explicación se asienta en este caso en un trastorno neurológico, fue lo que no hace mucho tiempo me contó desesperada una paciente de sesenta y siete años que vino a la consulta acompañada de su hija y que, básicamente, solo pedía ayuda para que «la dejaran en paz». Esta mujer padecía desde hacía muchos años un dolor neuropático persistente en sus piernas, secundario a las secuelas derivadas de un herpes zóster con el que había aprendido a convivir. Pero unos meses atrás había empezado a notar con una gran claridad como si unos dedos invisibles le fueran tocando las piernas en distintos momentos del día. Progresivamente, la sensación se fue volviendo más compleja, dejando de ser el roce de unos dedos para convertirse en la sensación de que varias manos le tocaban y agarraban las piernas. El desarrollo de estos episodios se acompañó con la contemplación, durante las siguientes noches, de unas oscuras figuras humanas, aproximadamente diez, sin cara y ubicadas alrededor de su cama. Explicaba que una de estas figuras solía agarrar su pierna a la altura de la pantorrilla y la estiraba como si quisiera tirarla de la cama. Ella notaba perfectamente la sensación de esas manos agarrando su pierna y la de su cuerpo desplazándose por encima de la cama, aunque, obviamente, nunca cayó de la cama porque, en efecto, no se estaba moviendo. No menos aterrador fue cuando empezó a tener la convicción de que la figura que intentaba levantarla de la cama no era otra que la de su marido, quien había fallecido hacía unos veinte años. Conforme pasaron las semanas, fueron apareciendo otros elementos como una infinidad de cucarachas correteando por los muebles que solo ella veía, música que sonaba continuamente y un extraño olor a perfume que la llevó a elaborar la delirante idea de que esos fantasmas, bajo las órdenes de su fallecido marido, rociaban su casa con un perfume venenoso para acabar con ella y apropiarse de su hogar.

En realidad, esta persona había estado desarrollando una demencia con cuerpos de Lewy, que había ido contribuyendo a la desintegración de toda una serie de estructuras cerebrales y de procesos cognitivos que desempeñan un papel esencial en la integración e interpretación de las señales que recibimos del cuerpo y de nuestro entorno y que posteriormente comentaremos con mayor detalle. Principalmente, lo primero que había empezado a suceder es que su cerebro había dejado de ser capaz de interpretar las sensaciones de dolor neuropático como dolor y había empezado a atribuir a esas sensaciones un significado distinto. De hecho, no sorprendía que, en efecto, contara que desde que habían aparecido «las manos» había dejado de sentir dolor en las piernas. La evolución de la neurodegeneración y la consecuente disfunción cerebral progresiva fueron contribuyendo a que, de un modo aberrante, su cerebro interpretara terriblemente mal todas las sensaciones y elaborara un mundo imaginario desde el cual explicarlas.

En ausencia del conocimiento actual relativo a las parasomnias o a los trastornos del sueño y a las características de algunas enfermedades neurodegenerativas, resulta evidente cuál sería el escenario o explicación más probable que se hubiera desarrollado por parte de alguien que hubiera tenido esta experiencia o por parte de aquellos que la hubieran escuchado. Entonces, ¿son todos los fenómenos extraños que suceden durante la noche simples consecuencias de una parálisis del sueño? Posiblemente muchos sí, y los que no lo son puede que sean fenómenos que se denominan *alucinaciones hipnagógicas* o alucinaciones que se producen en la transición de la vigilia al sueño, o *alucinaciones hipnopómpicas* o las que se producen en la transición del sueño a la vigilia. Lo menos probable es que la explicación resida en un fenómeno sobrenatural mediado por el contacto con seres de otro mundo. En cualquier caso, la ciencia se basa en realizar pruebas, contrastar, replicar, validar y rechazar hipótesis según un método, de modo que seguiremos abiertos a la posibilidad de que la hasta ahora aceptada hipótesis de la parálisis del sueño y de las alucinaciones en periodos de transición pueda ser rechazada, aunque hasta la fecha nadie ha encontrado una explicación alternativa.

9

PRESENCIAS

Las presencias, y no tanto las visiones estructuradas de personas o animales, pueden experimentarse a lo largo del día en completa vigilia, por ejemplo, mientras miramos el televisor o caminamos por la calle. Por lo tanto, las sensaciones de presencia no pueden ser una mera consecuencia de algo que sucede durante la transición de la vigilia al sueño o viceversa. Por supuesto que no. Uno de los mecanismos que con mayor facilidad puede precipitar que ocurran sensaciones de presencia es el miedo en soledad. Muchas personas, cuando se encuentran solas en casa y especialmente si sucumben mínimamente al poder de la sugestión y navegan en las terribles historias de crímenes y agresiones que nos cuentan en el televisor, es fácil que puedan tener la impresión de haber oído algo o de notar algún tipo de presencia en casa. Posiblemente, uno de los mecanismos que contribuye a estas sensaciones sea el papel que juega el miedo como mecanismo para poner en funcionamiento los sistemas de alerta. Como he comentado anteriormente, la red atencional ventral continuamente evalúa e interpreta a su manera todo aquello que nos rodea, empleando la información disponible. El miedo tiene la capacidad de modular múltiples procesos cognitivos habituales e interferir en ellos y de tomar las riendas de nuestros razonamientos. En una situación de aparente vulnerabilidad, como puede ser estar solo en casa, en medio de un bosque o en un desolado estacionamiento, los procesos responsables de supervisar que no exista ningún peligro para nuestra integridad se ponen a funcionar fácilmente con mayor intensidad. Esto supone que los sistemas que deberían prescindir de atender a muchos de los estímulos banales que nos rodean dedican una parte relevante de su capacidad a analizar continuamente aquello que sucede a nuestro alrededor. En consecuencia, es sumamente fácil que a toda una serie de estímulos o sensaciones que en condiciones de relajación hubieran pasado totalmente desapercibidos se les otorgue *a priori* la condición de potencialmente peligrosos, accediendo a nuestra consciencia en forma de sensaciones raras o sonidos extraños.

Algo diferente, como ya se ha explicado en el capítulo anterior, es la sensación que podemos experimentar en situaciones normales, pero que sucede con mucha frecuencia en personas con enfermedad de Parkinson, las denominadas *alucinaciones de presencia*. Habitualmente, las personas que experimentan este fenómeno refieren notar una presencia muy real y humana situada en la parte posterior de su cuerpo, habitualmente desplazada hacia el lado derecho o izquierdo de la espalda. Esta sensación de presencia se puede experimentar como un fenómeno estático, sintiendo, por ejemplo, cuando estamos sentados en el sofá, que tenemos a alguien detrás, pero también se puede experimentar como un fenómeno dinámico, notando, por ejemplo, una presencia que nos sigue mientras vamos caminando.

Ocasionalmente, esta experiencia se puede presentar de un modo un tanto más complejo en cuanto a las características sensoriales asociadas, llegando a ser posible notar el aliento o la temperatura del otro, o incluso sensaciones en la ropa, como si nos la tocaran o rozaran.

En la misma línea, existe un fenómeno más llamativo conocido como ilusión de *phantom boarder,* que se encuentra de manera relativamente habitual en las personas que padecen una demencia con cuerpos de Lewy y que se caracteriza por que se tiene la impresión de sentir una presencia en algún lugar de la casa, alejada de la persona, como si de un invitado no deseado se tratara. Este fenómeno es distinto al que define las sensaciones de presencia cercanas o detrás de la espalda, pero, en esencia, ambos casos comparten mecanismos neuronales muy similares.

Nuestro cerebro procesa e integra continuamente todo un conjunto de señales relativas al entorno y al propio cuerpo. De este modo, se construye un todo integrando señales sensoriales provenientes de la visión, el oído, el tacto o el olfato, pero también señales internas, como sensaciones viscerales y emociones, junto con información relativa a la posición y a los movimientos de nuestro cuerpo y a su localización con respecto al mundo externo. A este conjunto de procesos los denominamos *integración sensorimotora* y en gran medida dependen de estructuras frontales, especialmente parietales, que se dedican a la integración de la información que proviene de distintos sistemas cerebrales.

Estos procesos de integración sensorimotora nos permiten, por ejemplo, saber que nuestro brazo está ubicado donde está porque recibe señales propioceptivas relativas a la postura del brazo con respecto al cuerpo y al espacio externo. Pero podemos «hackear» estos procesos y confundir terriblemente al cerebro. El ejemplo más obvio de ello es la ilusión de la mano de goma. El procedimiento para provocar esta ilusión consiste en que se coloca una de las manos del participante en una postura cómoda, pero fuera de su campo visual. De manera visible para el participante se coloca una mano de goma allí donde sería más coherente que estuviera su mano real. En este punto, el procedimiento consiste en ir acariciando de manera sincronizada la mano real y la mano ficticia de modo que el participante siente el tacto en su mano real, pero ve cómo están tocando la mano ficticia. Al realizar esto, los procesos de integración sensorimotora llevan al participante a sentir que la mano de goma es su mano y, de hecho, si sin previo aviso se golpea la mano de goma, el participante reacciona tratando de apartar la mano como si se tratara de la suya. En contraposición a este fenómeno, cuando los procesos de integración sensorimotora fallan y dejan de integrar las sensaciones relativas a una parte del cuerpo pueden desarrollarse síntomas neurológicos fascinantes tales como la somatoparafrenia, en la que el paciente no reconoce como suya una extremidad, o incluso los fenómenos de síndrome de mano ajena o de mano alienígena, en los que un miembro, por ejemplo, una mano, adquiere vida propia y tiende a moverse y realizar gestos o acciones sin que exista voluntad ni control por parte del paciente.

Gracias a los distintos trabajos realizados en el marco del estudio de los mecanismos implicados en el desarrollo de alucinaciones de presencia y de fenómenos de *phantom boarder,* actualmente sabemos que cierto tipo de fallos en los procesos relativos a la integración sensorimotora juegan un papel esencial en su desarrollo como síntomas de determinadas enfermedades, pero también en un contexto de normalidad.

De hecho, yo mismo, junto al excelente equipo con el que tengo el placer de trabajar y en colaboración con el laboratorio liderado por el doctor Olaf Blanke, en Ginebra, contribuimos a que se comprendan mejor los mecanismos neuronales implicados en estos procesos a través de provocar artificialmente, y de manera controlada, la aparición de alucinaciones de presencia en un experimento. Todo ello nos permitió demostrar que, en esencia, el ser que podemos sentir detrás de la espalda en las alucinaciones de presencia y el intruso que se percibe en alguna habitación de la casa en los fenómenos de *phantom boarder* somos nosotros mismos, es decir, nuestro cuerpo, habiendo sido incorrectamente ubicado en el espacio por parte de los procesos de integración sensorimotora. Lo sé, es difícil de entender, pero pensemos que, si yo estoy colocado en un lugar X, me siento en ese lugar gracias a la integración sensorimotora. Si me muevo y me desplazo unos metros a la derecha, entonces me siento en ese otro lugar. Del mismo modo, si tengo mi mano alzada, la siento arriba y, si la bajo, la siento inmediatamente abajo. Pero ¿qué sucedería si existiese algún tipo de retraso en lo relativo a los procesos de integración sensorimotora cuando moviera mi miembro o cuando yo me moviera por el espacio? Pues que, a pesar de verme en el lugar X, me podría sentir desplazado en el espacio. Entonces, como si de una gigantesca mano de goma se tratara, nuestro cerebro decidiría que estamos en el lugar X y que, por lo tanto, lo que sentimos unos metros más allá no podemos ser nosotros.

La atribución de algo distinto a la propia persona cuando sentimos una presencia cercana a nosotros es una consecuencia previsible de cómo el cerebro tiende a interpretar de un modo coherente y basado en el conocimiento previo todo aquello que sucede. De este modo, si nos vemos en un determinado lugar pero sentimos una presencia humana en otro lugar la solución más razonable que encuentra el cerebro para explicar esta sensación es que no podemos ser nosotros, sino otra persona.

Esta especie de desincronización puede dar lugar a otro fenómeno mucho menos habitual, pero que tanto en la patología como en la normalidad se puede experimentar, y que no es otro que la sensación de desrealización o de incluso no reconocerse al verse reflejado en un espejo.

Pensamos que continuamente estamos recibiendo información del mundo externo y de las personas que componen el mundo externo precisamente porque las vemos. En contraposición, a nosotros nos vemos en contadas ocasiones, a no ser que pequemos de un ego y narcisismo desorbitados que nos obliguen a estar continuamente frente a un espejo o en la pantalla de nuestro celular. En cualquier caso, resulta evidente la gran discordancia que existe en cuanto a la retroalimentación que nos llega de los otros y la que nos llega eventualmente de nosotros, básicamente, cuando nos miramos al espejo.

Es en estos momentos, al vernos, cuando de algún modo actualizamos y mantenemos viva la imagen de cómo somos. Fuera de esos instantes, no vemos nuestro rostro. Evidentemente, nuestro cerebro acepta que la imagen especular que estamos viendo es la nuestra porque conocemos nuestros rasgos y somos conscientes de estar en ese lugar donde vemos nuestro rostro y nuestros movimientos reflejados en el espejo y, por ende, nos reconocemos. Pero del mismo modo que artificialmente podemos inducir una ilusión de mano de goma o eventualmente puede fallar el sincronismo que existe entre el espacio que ocupa el cuerpo, el movimiento y lo que sentimos dando lugar a sensaciones de presencia, si ello sucede durante la observación de nuestro rostro en un espejo, si lo que hace o la manera en que se mueve ese rostro no corresponde con lo que siente el cerebro, entonces se producirá una alteración de la identificación que dará lugar a una forma de paramnesia reduplicativa provocando que no reconozcamos la imagen en el espejo como nuestra persona.

Esta idea, que parece una mera invención o especulación de lo que podría suceder, es, en realidad, un hecho no solo constatable, sino también susceptible de ser provocado y replicado en un contexto experimental. El doctor Olaf Blanke, a quien ya hemos citado anteriormente, demostró en uno de sus experimentos que, al inducir artificialmente cierta asincronía entre nuestra imagen especular y lo que realmente hacemos, al vernos a nosotros mismos se provoca una sensación de disociación y de fallo en la identificación.

Los trastornos de la identificación como tal son fenómenos sumamente complejos que suceden con mayor frecuencia en el ámbito de determinadas enfermedades psiquiátricas y neurodegenerativas y que dan lugar a una serie de manifestaciones muy curiosas que vale la pena resumir.

En los trastornos de la identificación se producen experiencias sumamente grotescas en las que la forma en que el cerebro interpreta el mundo externo da lugar a una serie de síndromes particulares con características propias. Un ejemplo de ello es el conocido como paramnesia reduplicativa del lugar. Este fenómeno se caracteriza porque la persona afectada explica que está en su casa, pero siente que se encuentra en una casa parecida o incluso idéntica a la suya, con los mismos muebles y distribución de habitaciones, aunque sabe que, en realidad, esa no es su casa sino una «duplicación». En consecuencia, si se les pregunta, suelen elaborar historias fantásticas acerca de cómo han llegado a esta casa idéntica a la suya o a los motivos que han llevado a terceras personas a construir una casa como la suya. Hace algún tiempo, una paciente explicaba con aparente normalidad que, en efecto, habían construido una casa idéntica a la suya delante de su casa y que, además, habían construido un túnel a través del cual la habían desplazado a esta nueva casa mientras dormía. Los motivos los desconocía, pero incuestionablemente la casa donde estaba ahora, a pesar de ser idéntica, no era la suya.

Otro fenómeno en el campo de los trastornos de la identificación es el llamado *síndrome de Capgras*. En este caso ya no es el hogar lo que ha sido «suplantado», sino personas muy cercanas. De este modo, el paciente refiere que esa persona que tiene al lado no es su cónyuge, sino alguien disfrazado de su cónyuge que se comporta como él, pero que, sin duda alguna, no lo es, sino que se trata de un impostor. En ocasiones, la persona afectada por el síndrome de Capgras transforma la identidad del impostor en una persona distinta, por ejemplo, un ser fallecido u otro familiar. Exactamente así me lo contaba en una ocasión una mujer aquejada de lo que parecía inicialmente tratarse de un proceso neurodegenerativo, pero que finalmente resultó ser un tumor frontotemporal. Ella explicaba que el hombre que tenía sentado al lado era un primo suyo disfrazado de su anterior marido. En realidad, solo se había casado una vez y, obviamente, quien estaba a su lado era su marido de siempre. Pero ella, además de no reconocer a su marido, había elaborado la historia de que su marido era alguien a quien había conocido recientemente en un hotel y la persona que estaba a su lado en la consulta era una burda representación de su exmarido realizada por parte de su primo.

En el síndrome de Fregoli, la persona experimenta que toda la gente es, en realidad, una misma persona que va adquiriendo formas distintas para caracterizarse como si fuera otra persona, y en el síndrome de intermetamorfosis el paciente llega a percibir que sus rasgos faciales están cambiando para transformarse en los de otras personas, provocando también que no puedan reconocerse en el espejo.

Pero, si existe algún síndrome extraordinariamente llamativo en el campo de los trastornos de la identificación, este posiblemente sea el *síndrome de Cotard* o *síndrome del nihilismo*. Las personas afectadas por esta afección, más frecuente en el ámbito psiquiátrico que en el estrictamente neurológico, elaboran la convicción delirante de estar muertos o carentes de vida, de no tener órganos o de que estos se están descomponiendo en su interior, de estar vacíos de sangre, de experimentar partes de su cuerpo pudriéndose, de no existir o de ser espectros, de estar condenados a la eternidad una vez que ya han muerto y de que la realidad que les rodea es una fantasía que experimentan desde su condición de ausencia de vida. Todo ello, un conglomerado de síndromes que una vez más ilustran la extraordinaria complejidad con la que pueden manifestarse los trastornos del cerebro y que, a mi parecer, nos recuerdan que en la normalidad es razonable experimentar, a pequeña escala, síntomas o sensaciones parecidas, «fallos» mucho menos catastróficos y sutiles.

10

VIAJES ASTRALES

Estar durmiendo, abrir los ojos y, de pronto, tener la extraña y extraordinaria sensación de verse a uno mismo tumbado en la cama, como si nos estuviéramos observando desde una posición elevada cerca del techo de la habitación. ¿Cuántas veces hemos escuchado vivencias parecidas a esta o incluso las hemos podido experimentar en primera persona? Esta experiencia no es otra que la conocida como viaje astral, técnicamente denominada *autoscopia* u OBE, del inglés *out-of-body experience*.

Fenomenológicamente, las OBE se caracterizan por episodios durante los cuales las personas sienten que se observan a sí mismas desde una perspectiva alejada del cuerpo físico. El contexto más frecuente donde se suelen presentar estos episodios es durante la transición vigilia-sueño-vigilia, y la experiencia más habitual es la de verse desde el techo tumbado en la cama. Aunque lo cierto es que existen reportes de OBE que se han dado mientras la persona iba caminando por la calle y se ha visto a sí misma por detrás, como si se contemplara a vista de pájaro.

Sabemos que las OBE son un fenómeno que de manera esporádica puede suceder dentro de la más absoluta normalidad y también que, en determinadas condiciones neurológicas, especialmente en ciertas formas de epilepsia, resultan mucho más frecuentes. Paralelamente, otro escenario donde se han reportado este tipo de fenómenos es durante las denominadas *experiencias cercanas a la muerte,* que cuentan con un capítulo dentro de este libro.

La unión temporoparietal define un territorio de nuestro cerebro que, en esencia, ejerce un papel central en el procesamiento y la integración multisensorial, en la percepción corporal y en la autoconsciencia. De hecho, la unión temporoparietal es una de las regiones centrales dedicadas a los procesos de integración multisensorial comentados en el capítulo anterior. Los estudios sobre las OBE realizados por el doctor Olaf Blanke pudieron demostrar que todos los pacientes neurológicos que presentaban este tipo de experiencias como manifestación de su enfermedad mostraban algún tipo de anomalía funcional en la unión temporoparietal. Al mismo tiempo se pudo probar que la estimulación de estas regiones provocaba estos fenómenos cuando se estudiaron casos de pacientes con formas graves de epilepsia refractarias a la medicación, porque durante la cirugía realizada en sus casos se aplicaron electrodos sobre la superficie del cerebro. Con ello, se planteó la posibilidad de estimular artificialmente esta región cerebral empleando una técnica denominada *estimulación magnética transcraneal* e igualmente se pudo comprobar que en muchos casos la estimulación artificial de la unión temporoparietal desencadenaba fenómenos más o menos complejos de OBE. Así pues, es razonable presuponer que, dada la complejidad y fragilidad de la organización funcional cerebral, determinadas anomalías transitorias en la función de la unión temporoparietal podrían explicar que espontáneamente se desencadenen este tipo de fenómenos dentro de la más absoluta normalidad.

Unión temporoparietal

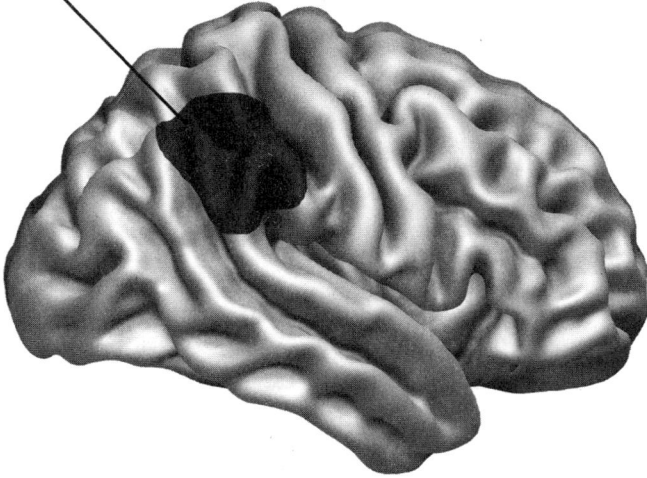

En esta imagen se representa la localización de la unión temporoparietal.

Si bien las OBE son experiencias que no necesariamente reflejan ningún tipo de patología de base, o que, si lo hacen, pueden estar asociadas a procesos relativamente benignos, como, por ejemplo, episodios de migraña, existen formas mucho más complejas y espectaculares de autoscopia que difícilmente serán explicables excepto por fallos robustos a nivel cerebral.

En las OBE, las personas observan su cuerpo físico mientras sienten su yo posicionado en el mismo lugar desde donde lo ven. Esto es, si nos viéramos en la cama desde una perspectiva elevada, por ejemplo, flotando cerca del techo de la habitación, nos sentiríamos en el techo de la habitación, e incluso ocasionalmente podríamos movernos por ese espacio mientras nuestro cuerpo físico permanecería inerte en la cama. Algo muy distinto hace referencia al fenómeno que denominamos heautoscopia y que, en esencia, define un escenario similar al del OBE, pero incorporando matices únicos. En la *heautoscopia,* el sujeto que la experimenta observa a un doble de sí mismo que adquiere consciencia propia y al que habitualmente se hace referencia en tercera persona. Eso significa que la persona experimenta de algún modo ser expulsado de su cuerpo o encontrarse repentinamente con una imagen de sí mismo y que este doble, a diferencia del cuerpo inerte del OBE, adquiera vida propia y se comporte de un modo generalmente maligno.

La existencia de este fenómeno posiblemente haya asentado las bases de la idea del Doppelgänger, el doble fantasmagórico y malvado de uno mismo que en tantas ocasiones hemos encontrado descrito en innumerables obras literarias. Una curiosidad fascinante de la experiencia del Doppelgänger es que, en efecto, ese doble malvado es el cuerpo físico de la persona y que efectivamente realiza comportamientos dañinos o molestos. En consecuencia, si un observador externo contemplase al Doppelgänger, vería a la persona realizando algún tipo de conducta inadecuada, pero, obviamente, no vería a esa consciencia disociada en el espacio desde donde el propietario de ese cuerpo se está viendo a sí mismo convertido en un doble maligno.

Hace algún tiempo, tuve la oportunidad de conocer y de estudiar un caso terriblemente complejo que se fue desarrollando en un joven portador de una mutación genética que el día de mañana daría lugar a una enfermedad neurodegenerativa conocida como enfermedad de Huntington. El paciente empezó en los inicios a presentar episodios de alucinaciones de presencia y posteriormente encadenó múltiples episodios de OBE. Al poco tiempo, acudió a nuestra consulta aterrado por no saber cómo controlar una serie de episodios que había estado viviendo. Nos explicó que, cuando mantenía relaciones sexuales con su novia, era expulsado de su cuerpo y entonces, desde la altura, veía a un doble de sí mismo al que él hacía referencia como «ese otro», que desplegaba una conducta sexual sumamente violenta contra su pareja. Él contemplaba la dramática escena desde las alturas sin poder hacer nada y, posteriormente, cuando «volvía» a su cuerpo, podía constatar que en efecto había sido violento, puesto que habitualmente el retorno a su cuerpo físico sucedía en el momento en que su novia le pedía que parara. Paralelamente, también había ido presentando episodios similares mientras usaba el transporte público. En esas situaciones, se descubría frente a un doble de sí mismo que realizaba todo tipo de gestos obscenos dirigidos hacia las usuarias del medio de transporte.

Evidentemente, este ejemplo define un escenario sumamente complejo, abigarrado y totalmente vinculado a un proceso neurodegenerativo de base. Sin llegar a estos extremos, los procesos que desencadenan las OBE en la normalidad comparten un mismo sustrato neuronal con los que las desencadenan en la patología. Pero, a diferencia de lo que sucede en la enfermedad, los episodios de OBE en personas totalmente sanas no reflejan un daño a lo largo de las estructuras cerebrales implicadas, sino que simplemente, una vez más, reflejan la fragilidad de un sistema que falla continuamente y que en ocasiones desencadena experiencias absolutamente espectaculares.

Dejando al margen los elementos fenomenológicos que rigen la experiencia misma de sentirse y de verse desde una perspectiva distinta a la que ocupa el cuerpo físico, tanto las OBE como especialmente los fenómenos de heautoscopia plantean una serie de preguntas de índole quizás más filosófica que neurocientífica que resultan fascinantes. Si la consciencia es un producto o una consecuencia de lo que hace nuestro cerebro y si, en esencia, somos nuestra consciencia, ¿dónde está ubicada la consciencia durante las experiencias de OBE? Y, lo más relevante, ¿quién es y dónde se encuentra la consciencia que gobierna la conducta del Doppelgänger?

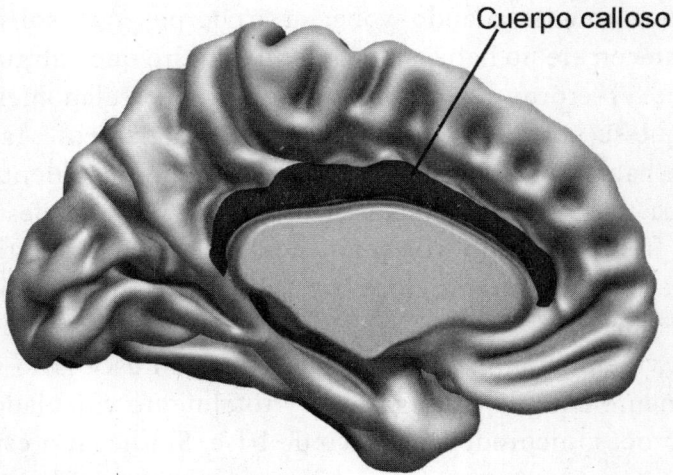

La imagen muestra la ubicación del cuerpo calloso, el conjunto de fibras que permiten la comunicación entre hemisferios cerebrales y cuya resección se realiza en los casos descritos.

No tengo una respuesta para todas estas cuestiones más allá del convencimiento de que todo es resultado de la complejidad que se deriva de lo que sucede cuando el cerebro falla. Sin embargo, existen determinadas afecciones neurológicas que, sin que aporten una solución a los problemas que plantean estas preguntas, permiten ilustrar algunos aspectos relativos a la consciencia humana y a su eventual disociación y posiblemente deban ser tenidas en cuenta al reflexionar en torno a estas preguntas. Estas afecciones neurológicas no son otras que aquellas en las que, bajo determinadas situaciones, ha sido necesario dividir el cerebro humano, es decir, desconectar un hemisferio cerebral del otro hemisferio a través de la realización de dos posibles procedimientos neuroquirúrgicos denominados *comisurotomía* y *callosotomía*. Esta cirugía consiste básicamente en cortar el conjunto de fibras nerviosas que conectan ambos hemisferios cerebrales a través de una formación denominada *cuerpo calloso*. El motivo más habitual que justifica la realización de este tipo de procedimiento es la existencia de unas formas de epilepsia que se generalizan en todo el cerebro y que resultan incontrolables farmacológicamente.

Desde el inicio de este tipo de procedimientos se realizaron múltiples estudios en personas que se habían sometido a estas intervenciones, pero posiblemente fueron los trabajos del neurocientífico Roger Wolcott Sperry (merecedor del Premio Nobel) y del psicólogo Michael S. Gazzaniga los que supusieron un mayor avance en las consecuencias de dividir un cerebro y en el impacto que ello tiene sobre la cognición y la consciencia humana. Los experimentos que realizaron en un principio se dividieron básicamente en tareas de naturaleza visual o táctil. Antes de explicar estos experimentos, resulta importante recordar que el control de los procesos cognitivos y motores por parte del sistema nervioso se realiza de manera cruzada, de manera que el hemisferio izquierdo controla el hemicuerpo derecho y viceversa. De modo que la información que llega a nuestro cerebro en algún momento a lo largo del procesamiento viaja de un hemisferio al otro a través del cuerpo calloso.

En los experimentos visuales que Sperry y Gazzaniga realizaron presentaban a los pacientes un estímulo que solo podían ver en el campo visual izquierdo o derecho, esto es, no lo podían ver con los dos ojos a la vez. Seguidamente, se les pedía que tocaran una campana cuando vieran el estímulo visual, algo que en todos los casos podían hacer sin problema. Sin embargo, cuando se les pedía que nombraran lo que habían visto, solo eran capaces de denominar los objetos presentados cuando estos habían aparecido en el campo visual derecho y, por lo tanto, se habían procesado en el hemisferio izquierdo. En contraposición, cuando los estímulos se presentaban en el campo visual izquierdo, los pacientes afirmaban que no habían visto nada a pesar de que tocaban la campana acorde a la indicación de que había aparecido el estímulo. Cuando entonces les pedían que eligieran un objeto al azar de entre distintas posibilidades, siempre daban la respuesta correcta, a pesar de no ser conscientes del porqué. Del mismo modo, eran capaces de dibujar correctamente el estímulo que afirmaban no haber visto. De alguna manera, su mano derecha no sabía lo que habían visto, puesto que el estímulo presentado en el campo visual izquierdo se procesó en el hemisferio derecho, pero sin que la información pudiera viajar al hemisferio izquierdo, a los sistemas léxicos y semánticos que empleamos para dotar de significado a aquello que vemos. En cuanto a los experimentos táctiles, sucedía un fenómeno similar dado que los pacientes, cuando sostenían un objeto con su mano derecha, sin poder ver de qué objeto se trataba, eran capaces de nombrar el objeto que sujetaban, pero totalmente incapaces si lo hacían con la mano izquierda. Sin embargo, una vez más, si se les pedía que emplearan su mano izquierda para elegir entre distintos objetos cuál era el que estaban tocando, lo podían hacer sin dificultad.

Estos hallazgos supusieron un avance extraordinario en nuestra comprensión de las funciones más o menos especializadas de los hemisferios cerebrales, pero esta no es la cuestión central a la que quiero hacer referencia. Estos estudios permitieron descubrir otro tipo de fenómenos mucho más curiosos desde el punto de vista de lo que sucedía y de las implicaciones que ello tiene en la reflexión acerca de la consciencia humana. Cuando a los pacientes se les pedía que, por ejemplo, explicaran con palabras las acciones que realizaban con su mano izquierda, no daban una explicación acorde a la realidad, sino que fabulaban un motivo. A saber, en uno de los casos se presentó la palabra «sonrisa» al hemisferio derecho del paciente y la palabra «cara» al hemisferio izquierdo. Cuando se le pidió al paciente que dibujara lo que había visto, dibujó una cara sonriendo, pero cuando se le pidió que explicara por qué había realizado ese dibujo, argumentó que el motivo era «porque a nadie le gusta ver una cara triste». De un modo similar, en otro experimento se presentó la imagen de un hombre desnudo al hemisferio derecho de una niña a quien se le había realizado una comisurotomía y esto causó que empezara a reír. Pero, cuando se le preguntó por lo que la había hecho reír, explicó que tenía que ver con cómo era la máquina con la que se estaban proyectando imágenes. Más espectacular aún fue un experimento donde se proyectaron dos imágenes distintas a la vez, una al hemisferio derecho y la otra al izquierdo. Posteriormente, se pedía que, de entre una serie de objetos, se eligiera aquel que tenía relación con lo que habían visto y que explicaran los motivos. En uno de los experimentos se mostró al hemisferio derecho la imagen de una escena invernal donde se podía ver un suelo cubierto de nieve, mientras que se proyectó al hemisferio izquierdo la imagen de una pata de pollo. Al pedir al paciente que escogiera con su mano izquierda un objeto relacionado, este eligió una pala, pero, al preguntarle los motivos de dicha elección, el paciente refirió que las palas se usan para limpiar los gallineros de los pollos. De modo que su hemisferio izquierdo, que no tenía acceso a lo que había visto el hemisferio derecho, observó lo que hacía la mano izquierda, esto es, elegir una pala, y luego elaboró un significado o motivo coherente empleando la información que sí tenía disponible (la pata de pollo) para dar una explicación a lo que hacía esa mano al elegir la pala.

Todos estos experimentos, ilustran, por un lado, un fenómeno al que ya nos hemos referido, el que tiene que ver con la forma en que el cerebro «rellena» aquello para lo que no tiene suficiente información. Pero lo más fascinante es que esto parece suceder en el caso de los cerebros divididos, como si existieran dos consciencias distintas en la misma persona. De hecho, esta realidad se puede observar en algunos casos de pacientes con cerebro dividido mientras desempeñan tareas rutinarias de su vida diaria. En estos casos puede suceder que una parte del cuerpo realice un comportamiento contradictorio con respecto a otra parte del cuerpo, por ejemplo, que una mano realice una acción (abrocharse los botones de la camisa), mientras que la otra mano intente realizar la acción opuesta (desabrochar los botones). Entonces, ¿quiénes somos? ¿La mano que los intenta abrochar o la que los intenta desabrochar?

Existe una enfermedad neurodegenerativa que denominamos *degeneración corticobasal* en la se produce un patrón de daño cerebral en regiones frontales y parietales siguiendo una trayectoria marcadamente asimétrica. Es decir, mientras que un hemisferio del cerebro se encuentra relativamente preservado, todo el otro hemisferio presenta evidentes signos de neurodegeneración. Una proporción relativamente significativa de personas afectadas por esta dolencia termina por desarrollar un síntoma fascinante que denominamos *síndrome de la mano ajena* o *de la mano alienígena*. En estos casos, es habitual que los pacientes inicialmente vayan perdiendo la capacidad para realizar determinados gestos o posturas con una de sus manos, dando lugar a lo que denominamos una *apraxia ideomotora de extremidades superiores*. Conforme la enfermedad progresa, es habitual que esa mano con apraxia empiece a ser negligida y que ocasionalmente, por ejemplo, al pedirle al paciente que nos la muestre, parezca como si este no supiese de qué le estamos hablando, esto es, como si su cerebro ya no considerara que tiene una mano. Pero lo más curioso llega cuando esta mano disociada del cerebro empieza a realizar comportamientos propios distintos de los que pretende regir el paciente a voluntad. Así que es relativamente fácil de ver en estos casos cómo una de las extremidades se va moviendo por su cuenta e intenta realizar acciones tales como alcanzar objetos o agarrarlos. En otros casos, resulta muy curioso constatar cómo los pacientes de algún modo dan órdenes a esa mano ajena para que esta siga las instrucciones y realice la función que debe realizar, por ejemplo, encender la luz.

Nuevamente estos casos ilustran la curiosa existencia de una forma de voluntad, de conocimiento y de intencionalidad no verbal, no planeada conscientemente, no controlada por nosotros mismos, que de algún modo se libera bajo determinadas condiciones. ¿Esta forma de voluntad encubierta solo aparece en una enfermedad o está en algún lugar allí dentro aunque no la sintamos? Si está allí, si es parte de nosotros, ¿cuál es su función y quién rige su comportamiento?

II

OTRAS VISIONES COMPLEJAS

Más allá de estas experiencias que, a pesar de que a veces ocurren, no son necesariamente muy habituales, de un modo mucho menos complejo, aterrador o espectacular, todos en algún momento hemos podido tener pequeños instantes de alucinaciones visuales o de fallos en la identificación durante los cuales hemos visto, o hemos creído ver algo que no estaba o hemos observado algo de un modo completamente distinto a la realidad.

La explicación de este fenómeno tiene que ver con muchos de los elementos que se han ido describiendo anteriormente cuando he hecho referencia a la atención, a la memoria y a la construcción de la realidad a través de la anticipación, la probabilidad y el conocimiento previo. Como ya se ha comentado, el ser humano dispone de un sistema atencional relativamente primitivo que, en esencia, supervisa aquello que sucede en la periferia, pero sin llegar a incorporar elementos relativos al significado de lo que procesa. Esto es, mientras fijamos nuestra vista en un elemento u objeto específico, vemos de manera difusa cosas en la periferia del campo visual, pero no podemos saber qué son si no orientamos la mirada y, por ende, la atención hacia ellas. De este modo, no podemos saber qué es lo que está en la periferia, a no ser que hubiéramos incorporado en nuestra memoria visual la lista de los objetos que están ahí fuera y su disposición en el espacio. Solo así, sin procesarlo a profundidad o sin verlo, podríamos saber qué es lo que hay, aunque no lo veríamos a través del reconocimiento sino a través de la memoria.

Más allá de este sistema atencional, que llamamos red atencional ventral, existe obviamente un sistema complejo a través del cual conseguimos desplegar los procesos necesarios para trabajar, reconocer y manipular la información a la cual prestamos atención. Este sistema atencional está formado por un conjunto de estructuras distribuidas a lo largo de las áreas frontales, parietales y temporales del cerebro, conformando lo que conocemos como red atencional dorsal. Este sistema es el que continuamente está operando cuando atendemos a algo directamente, y en este caso sí que se nutre de la información almacenada en la memoria para dotar de significado a aquello sobre lo que desplegamos atención. En consecuencia, desplegar nuestra red atencional dorsal es lo que nos permite, a través de la atención, acceder al significado y reconocer aquello que vemos o escuchamos.

Al margen de estos dos sistemas, existe una tercera red atencional que dedicamos a una serie de procesos que me atrevería a llamar exclusivamente humanos y que no son otros que la introspección, la imaginación y, en definitiva, la atención dirigida a nuestro mundo interno. En efecto, sin entrar en nada mágico ni místico, el ser humano puede dirigir su atención hacia el interior, pudiendo así experimentar imágenes y sensaciones internas, construir mundos imaginarios, revivir situaciones pasadas o imaginar escenarios futuros. El sistema dedicado a este conjunto de procesos maravillosos se conoce como red neuronal por defecto y su descubrimiento sucedió de manera casual, observando los patrones de activación neuronal que se daban en los sujetos experimentales sometidos a técnicas de neuroimagen mientras no hacían nada. Partiendo de esta situación se elaboró la idea inicial de que la red neuronal por defecto reflejaba lo que hace el cerebro en reposo cuando no hace nada. Pero, todo lo contrario: este sistema refleja lo que hace el cerebro para construir y experimentar todo nuestro complejo mundo interno cuando no estamos dedicándonos a procesar el mundo externo.

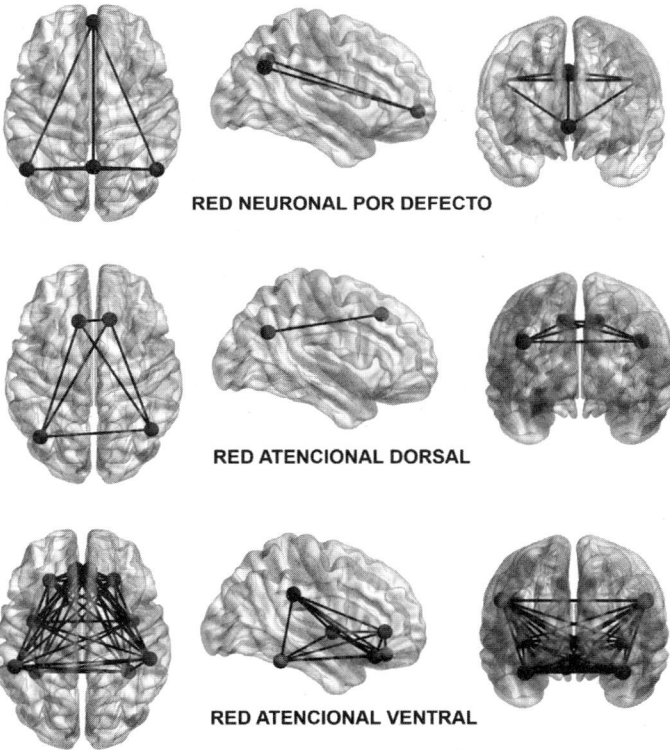

RED NEURONAL POR DEFECTO

RED ATENCIONAL DORSAL

RED ATENCIONAL VENTRAL

La imagen ilustra la topografía de los distintos territorios cerebrales que conforman la red atencional ventral y dorsal y la red neuronal por defecto. Los distintos territorios que conforman cada una de estas redes muestran un patrón de actividad sincronizada cuando estas redes están en funcionamiento.

A nivel funcional, los sistemas de redes atencionales de nuestro cerebro se organizan de modo que la actividad de la red neuronal por defecto no se correlaciona con la actividad de las redes ventrales y dorsales. Esto significa que esta red dedicada al mundo interno no puede funcionar a la vez que lo hacen las redes dedicadas a evaluar el mundo externo: son sistemas funcionalmente antagónicos. Esto tiene un gran sentido adaptativo, puesto que el análisis del mundo externo sería terriblemente ineficiente e inexacto si se hiciera a través de un sistema dedicado, entre otras cosas, a elaborar mundos fantásticos en nuestra mente.

Más allá del papel que esta red neuronal por defecto juega en la construcción de nuestro mundo interno, ejecuta también un papel esencial en la construcción de la experiencia consciente. Específicamente, la experiencia de la consciencia resulta indisociable de la integridad y función de lo que consideramos el nodo central de la red neuronal por defecto: el *precuneus,* una estructura ubicada en la región posterior y medial del cerebro que, a través de la comunicación que mantiene con los distintos sistemas que conforman la red neuronal por defecto y con otras estructuras cerebrales, recibe información visual, auditiva, táctil, visceral, espacial y relativa a la memoria, y la integra en un todo. El modo metafórico más fácil para entender cómo contribuye esta región cerebral a la experiencia de la consciencia es imaginárnosla como la pantalla donde se proyecta todo aquello que sucede y que el cerebro integra y que internamente contemplamos. Dicho de otro modo, si existiera un ojo de la mente que observara internamente lo que pensamos, sentimos y experimentamos, posiblemente lo haría contemplando lo que sucede en el *precuneus* a modo de pantalla de cine. En consecuencia, podemos simplificar terriblemente la idea y afirmar, con cautela, que aquello que sucede en el *precuneus* es, en esencia, la consciencia y el mundo que vivimos: la realidad.

En la enfermedad de Parkinson y en la demencia con cuerpos de Lewy, como ya he reiterado en múltiples ocasiones, resulta frecuente que los pacientes desarrollen fenómenos más o menos complejos de alucinaciones y de otros tipos de fallos perceptivos. Lo más habitual es que las primeras etapas que definen el desarrollo de estos fenómenos de alucinaciones se caractericen por la aparición de lo que denominamos *alucinaciones menores*. Estos fenómenos menores no adquieren la complejidad estructural ni el realismo de los fenómenos alucinatorios complejos, donde pueden verse animales, objetos o personas perfectamente definidos. Por el contrario, suelen tener un carácter transitorio, durante el cual la persona puede experimentar pequeñas confusiones, ilusiones o alucinaciones y, además, suelen verse propiciadas por factores que de algún modo contribuyen a que no sea fácil procesar la información visual, como el que haya poca luz o que los estímulos sean ambiguos. Por ejemplo, es habitual que los pacientes hagan referencia a que al pasar junto a un guardarropa les haya parecido ver a una persona colgando, pero que, cuando se han fijado bien, han visto que era una chamarra. En otras ocasiones, pueden tener una gran facilidad para ver pareidolias faciales o de otro tipo mientras contemplan superficies rugosas, percibir unas sombras sin forma que pasan por los laterales de su campo visual o tener la impresión de que algunos objetos cambian de forma para luego, al fijarse bien, recuperar la forma original.

Muchos grupos de investigación dedicados a este tipo de enfermedades, incluyendo el nuestro, han estudiado a profundidad los mecanismos neuronales que podrían estar detrás del desarrollo de estos síntomas. Los hallazgos derivados de estos trabajos no solo ilustran una parte importante de los procesos que fallan en el contexto de estas enfermedades y cómo ello explica la gran prevalencia de estos síntomas, sino que también sirven como modelo para explicar esos episodios ocasionales que todos hemos podido experimentar. En este sentido, el hallazgo más evidente que distintos grupos han realizado al estudiar a personas con alucinaciones menores es que se desvanece la normalidad que define la organización funcional de los sistemas de redes atencionales de modo que, por un lado, se pierde la relación antagónica entre la red neuronal por defecto y las redes atencionales y, por otro lado, se pierde la capacidad de desplegar la red atencional dorsal para analizar y reconocer el mundo externo.

Imaginemos que nos encontramos corriendo por el bosque. Aquellos a los que nos gusta correr por la montaña y por los bosques sabemos que no siempre es agradable encontrarnos con un perro suelto que viene hacia nosotros. Cuando eso sucede, es toda una experiencia responder con una falsa sonrisa al propietario del perro mientras este nos asegura «¡No hace nada, eh!». Claro, solo eso faltaría. El caso es que no es extraño que, inmersos en el contexto «bosque», «montaña» y «soledad», nuestro sistema atencional ventral esté relativamente hiperactivo explorando la posibilidad de que haya perros u otros peligros alrededor. Mientras eso sucede, desplegamos con una sólida eficiencia nuestra red atencional dorsal, que se va encargando de procesar a toda velocidad el camino y cómo debemos pisar para no acabar con el tobillo roto por la mitad. En este contexto, es fácil que, si al pasar por un determinado punto en la periferia del camino, esto es, en la periferia de nuestro campo visual, hay una señal o una serie de ramas dispuesta de una manera caprichosa, nuestro sistema atencional ventral interprete un posible peligro y que, desde su limitadísima capacidad de reconocimiento y empleando información sumamente arcaica o primitiva, introduzca en una pequeña y momentánea parcela de nuestra consciencia es decir, envíe a nuestro *precuneus*— la imagen o idea de, por ejemplo, un perro. En el instante en que esto sucede, en cuestión de milisegundos nuestro sistema atencional dorsal se orientará automáticamente a esa rama o señal, y entonces descubriremos al instante que no era un perro. Pero momentáneamente podremos haber experimentado el efecto de permitir el acceso a nuestra consciencia de una pequeña porción de información proveniente de un sistema primitivo y con ello, por un instante, nos habrá parecido ver un perro.

En el caso que ejemplifico ambos fenómenos perceptivos, el primero de confusión y el segundo de confirmación de que no era un perro, suceden a lo largo de unos pocos milisegundos, como consecuencia de la perfecta organización entre sistemas de redes. Pero ¿qué hubiera sucedido si mi cerebro no hubiera sido capaz de activar automáticamente la red atencional dorsal para analizar esas ramas de manera adecuada?

Esta idea es en esencia la que, sobre la base de múltiples y sólidos hallazgos científicos, explica los fenómenos perceptivos transitorios que caracterizan los episodios de alucinaciones menores. Como consecuencia del proceso neuropatológico que acompaña a estas enfermedades neurodegenerativas donde los procesos alucinatorios son frecuentes, la capacidad del cerebro para desplegar y para acceder rápidamente a uno u otro sistema de redes se puede ver profundamente comprometida. Ello no significa que no se puedan desplegar correctamente estas redes, pero sí que de manera más o menos regular o en determinados contextos el sistema tiende a fracasar. Como he dicho, en estas enfermedades el hallazgo central consta de dos elementos. Por un lado, lo que tiene que ver con el fracaso en el despliegue de la red atencional dorsal y, por otro lado, lo que tiene que ver con la sobreutilización de la red neuronal por defecto.

De este modo, volviendo a la pregunta anterior, imaginémonos por un momento que, al exponernos a un determinado elemento en el mundo externo, por ejemplo, unas ramas en la periferia, nuestro cerebro no fuera capaz de desplegar la red atencional dorsal y, por lo tanto, no fuera capaz de nutrir de manera adecuada los procesos de reconocimiento. Posiblemente, ello derivaría en que simplemente no orientaríamos la atención a ese estímulo y nunca sabríamos exactamente qué era eso que nos pareció ver. Pero al cerebro, como he dicho anteriormente, no le gustan los vacíos y tiende a rellenar los huecos con información disponible en algún lugar. Imaginémonos ahora que, por algún motivo, por ejemplo, porque una enfermedad ha alterado el modo en que se relacionan las redes atencionales o porque simplemente, en un instante, ha fallado esta organización—, en ausencia de atención y, por lo tanto, de reconocimiento mediado por la red atencional dorsal, se pusiera a funcionar nuestra red neuronal por defecto. Dicho de otro modo, ¿qué seriamos capaces de llegar a ver o de sentir si por un instante el análisis del mundo externo, esa anticipación a lo que está sucediendo con mayor probabilidad y el acceso al significado de lo que estamos viendo, en lugar de hacerlo mediante nuestra red atencional dorsal, lo hiciéramos a través de un sistema neuronal dedicado, entre otras cosas, a construir nuestras fantasías, esto es, nuestra red neuronal por defecto? Pues que muy probablemente, aunque fuera por un pequeño instante de tiempo, experimentaríamos una alucinación, una construcción momentánea de una realidad imposible en el mundo externo, pero totalmente posible en el mundo de nuestra fantasía e imaginación.

Esta cadena de sucesos, tan breve como compleja, sabemos que caracteriza el estado de alteración funcional de estos sistemas de redes atencionales en personas con enfermedad de Parkinson que experimentan este tipo de episodios de alucinaciones menores. En estos casos, resulta curioso constatar que las personas afectadas refieren un tipo de experiencia muy similar en forma y en contenido, en la que habitualmente los elementos que acceden a su consciencia y que conforman la ilusión visual tienen un aspecto muy estereotipado. Por ejemplo, habitualmente se tiene la impresión de ver inicialmente animales, como ratas o pájaros, o de ver formas humanas en la ropa, para posteriormente, al fijarse bien, constatar que no hay ningún animal o que, en efecto, esa silueta humana era simplemente ropa.

Este conocimiento derivado del estudio de la enfermedad de Parkinson nos ha servido, más allá de para comprender los mecanismos que explican este tipo de fenómenos en la enfermedad, para comprender la circuitería neuronal implicada y cómo, o bajo qué circunstancias, podría resultar totalmente previsible que, del mismo modo que sucede con otros sistemas neuronales complejos, se produzcan pequeños errores transitorios que desencadenen experiencias más o menos particulares. Por ello, suponemos que el mecanismo esencial que sustenta este tipo de experiencias de ilusiones visuales en personas libres de cualquier tipo de enfermedad posiblemente sea el mismo, desde el punto de vista neuronal, que el que sustenta estos fenómenos en la enfermedad de Parkinson.

Para hacernos una idea del aspecto que este tipo de experiencias puede llegar a tener en una enfermedad o de cómo estas experiencias se van transformando a lo largo de un proceso neurodegenerativo, me parece oportuno recuperar un caso que conocimos hace años y que seguimos viendo en la actualidad. Se trataba de una persona con la enfermedad de Parkinson que, en algún momento a lo largo de los primeros años de evolución, empezó a presentar algunos episodios transitorios, autolimitados en pequeños espacios de tiempo de segundos, durante los cuales tenía la impresión de que algún tipo de animal que nunca llegaba a ver a la perfección había pasado corriendo, o que detrás de algunas prendas de ropa había una figura humana. Los fenómenos de ilusiones visuales y de alucinaciones, además de clasificarse entre menores y mayores o estructurados, también se identifican en función de si el *insight* o consciencia de que es una alucinación se encuentra preservado o no. La gran mayoría de las personas con enfermedad de Parkinson que experimentan este tipo de alucinaciones menores mantienen el *insight* totalmente preservado, de modo que son absolutamente conscientes de que lo que han creído ver es una mera ilusión o alucinación. Conforme va pasando el tiempo y, en consecuencia, va progresando la enfermedad, es relativamente habitual que también evolucionen las experiencias de alucinaciones hacia formas más complejas y estructuradas y que se produzca una progresiva pérdida de este *insight* junto a un creciente deterioro cognitivo. En el caso de este paciente al que hago referencia, conforme fueron pasando los años empezó a desarrollar un tipo de ilusiones y posteriores alucinaciones terriblemente impactantes que, por la forma que adquirieron, y por el tipo de emociones y de ideas que las fueron acompañando, según él, fue perdiendo el *insight*. Básicamente, empezó a tener la impresión de que entre las sábanas y el edredón arrugado de su cama había cuerpos humanos que luego constataba que obviamente no estaban allí y que los había confundido con el edredón mal plegado. Pero, con el paso del tiempo, no solo fue cada vez más frecuente que viera esos cuerpos en la cama, sino que estos fueron adquiriendo el aspecto de cadáveres y de cuerpos mutilados. En esos instantes, además de ver varias figuras inertes en la cama, podía ver la sangre que manchaba las sábanas, el suelo y las paredes de su habitación. Este paciente era muy consciente de todo aquello que podía suceder a lo largo de la evolución de una enfermedad de Parkinson y conocía perfectamente la existencia de este tipo de fenómenos como síntomas de la enfermedad. A pesar de ello, las imágenes que prácticamente cada mañana veía al observar su cama era tan reales que provocaban una experiencia atroz de pánico y que, poco a poco, en algún momento le fueron llevando a creer que quizás había cometido un crimen que no recordaba. En un esfuerzo por mantener el sentido común y a sabiendas de que en algún momento podía ir perdiendo esa consciencia inicialmente preservada de que todo formaba parte de una farsa orquestada por su cerebro, fue llenando las paredes de su casa con notas donde se decía a sí mismo: «Tranquilo, no has matado a nadie, no hay ningún cadáver, tienes enfermedad de Parkinson y lo que ves son alucinaciones».

TERCERA PARTE

DE LA BONDAD Y DE LA MALDAD DEL SER HUMANO

Siempre he tenido una percepción del ser humano que quizás pueda ser considerada pesimista, pero que, a mi modo de entender, parte en esencia de desprendernos de esa perspectiva un tanto antropocentrista desde la que nos solemos observar y definir. Hay algo que me repito continuamente y que expongo en múltiples ocasiones a las personas que vienen a formarse con nosotros: cuando te dedicas al estudio del comportamiento humano, y especialmente cuando sabes que vas a tener que hacer frente a formas de conducta potencialmente consideradas como anormales o patológicas, resulta imprescindible hacer frente al análisis del comportamiento tras despojarnos de todo prejuicio, visión generalista y de toda construcción mágica acerca de lo que está bien y de lo que está mal. Todos, absolutamente todos, asumimos un patrón de conductas y de ideas socialmente aceptadas y difícilmente reprochables. Pero todos, absolutamente todos, sabemos lo que pensamos, sentimos y hacemos en nuestra intimidad. Ello se traduce en que la idea del ser humano como entidad semidivina que todo lo hace bien, que es bueno, bello y educado es, esencialmente, una gran falacia.

En nuestra cultura hemos desarrollado un sistema, una sociedad, donde, sin duda, el mantenimiento de una serie de reglas de convivencia y el despliegue del tipo de conductas que habitualmente mostramos fuera y con los otros resulta extremadamente beneficioso para el individuo y para la comunidad. Pero, desengañémonos: el ser humano es muchas otras cosas y muchas de ellas forman también parte de la normalidad.

Cuando las circunstancias o el contexto no juegan a nuestro favor o cuando adquieren determinadas características, es relativamente fácil que cambien dramáticamente las reglas del juego, sea para la supervivencia de uno mismo y sus allegados más próximos o sea por otros motivos menos elaborados. Un ejemplo tremendamente radical de ello es la barbarie que, de manera casi espontánea y universal, emerge en un contexto bélico o de profunda necesidad. Pero, sin entrar en casos tan extremos, cuando las condiciones así lo favorecen, es relativamente fácil o esperable que esas conductas socialmente aceptadas y consideradas como normales se difuminen, dando paso a otro tipo de comportamientos, que de cara a los demás todos negaríamos, pero que, en realidad, de puertas adentro están, han estado y siempre estarán allí. De este modo, resulta que en nuestra comunidad nadie consume pornografía ni sustancias ilícitas, nadie recurre a la prostitución, la infidelidad es cosa de otros, nunca mentimos, todos queremos lo mejor del mundo para el lobo mexicano y, por supuesto, nos atormentan profundamente los problemas derivados de las hambrunas, guerras y desigualdades en África. Y qué decir, obviamente, del cambio climático.

La industria del porno mueve casi las mismas cifras de dinero que las que maneja la industria farmacéutica, durante los fines de semana los ríos de las grandes ciudades acumulan cantidades de sustancias ilícitas como para drogar a todas las especies que intentan vivir en su ecosistema, las empresas de renta de habitaciones de hotel por horas facturan barbaridades y no precisamente porque la gente vaya a tomar siestas, y nuestros esfuerzos por y para la pobreza, las hambrunas y el cambio climático son un tanto cuestionables si ponemos atención al tipo de teléfonos, coches, ropa o computadoras que usamos. A pesar de ello, el ser humano hace cosas buenas, incluso brillantes, por supuesto que sí. No pretendo argumentar que seamos lo peor que le ha sucedido a este planeta ni pretendo defender una visión exclusivamente catastrófica. Pero describir la normalidad (si es que se puede) requiere un acto de profunda sinceridad con lo que somos. Sin hacer este ejercicio, resultará absolutamente imposible que podamos estudiar, entender e incluso predecir y prevenir las consecuencias de los comportamientos menos adaptativos.

Lamentablemente, más allá de esos actos secretos cotidianos, de esas ideas que no compartiríamos en público o de esas preferencias un tanto distintas que se puedan tener, existe un mundo de maldad que también es terriblemente cotidiano. Por supuesto que los actos de profunda maldad han existido siempre, y por supuesto que no solo suceden en nuestra especie, sino que muchos de estos actos son compartidos por otros seres vivos del reino animal. Pero en lo relativo al ser humano, simplemente hojeando un libro de historia, es fácil constatar este hecho y evitar caer en la negación de una parte de nuestra naturaleza. En ocasiones pienso en cuál sería la imagen del ser humano que construiría una civilización extraterrestre si observara en conjunto nuestro comportamiento a lo largo del siglo XX y del XXI. La respuesta es bastante obvia. Aunque supongo que algo que resultaría sorprendente para estos observadores externos, sin duda, sería la enorme heterogeneidad con la que expresamos actos de absoluta bondad y actos de profunda maldad. ¿Cómo sucede? ¿Qué explica que un ser humano, en ausencia de una dolencia que altere su capacidad de razonar, sea capaz de ejercer, en ocasiones de manera totalmente espontánea, un acto atroz y de profundo dolor?

La respuesta correcta, la más adecuada y científicamente más respaldada es, *grosso modo*, que no lo sabemos con exactitud.

Evidentemente, existen contextos donde resulta entre obvio y previsible que la violencia o la barbarie hagan acto de presencia con exquisita facilidad. Por ejemplo, en las ya referidas situaciones bélicas, en la sumisión ante formas de autoridad que se rigen por el miedo y el castigo o en contextos profundamente desfavorecidos. Del mismo modo, existen circunstancias que, sin duda, convierten en razonable que una persona pueda realizar una conducta *a priori* ilegal. Por ejemplo, si imaginamos a un padre o madre sin recursos económicos incapaz de alimentar a sus hijos y que opta por robar o si imaginamos lo que sería capaz de hacer un padre o madre para defender de un eventual peligro o ataque a sus hijos.

Pero, al margen de estos y de muchos otros escenarios que de algún modo dotan de cierta coherencia a la presencia de este tipo de conductas, lo que como profesional del estudio del comportamiento humano no dejará nunca de sorprenderme es cuando estas conductas aparecen sin previo aviso, en contextos totalmente estables y positivos, en personas aparentemente normales y en ausencia de formas de enfermedad que lo puedan justificar. Y es que, lamentablemente, forman también parte de la neuropsicología de la vida cotidiana eventos sumamente desagradables, que oscilan a lo largo de un amplio espectro que abarca desde la absurda violencia verbal que se puede generar en una fila del supermercado o en un semáforo hasta los crímenes pasionales más grotescos.

¿Qué nos hace y mantiene buenos y qué nos hace o convierte en malos? Como ya he dicho, no lo sabemos, y pretender por mi parte aportar una explicación o solución absoluta a estas cuestiones constituiría simplemente una falacia. Pero ello no impide que conozcamos algunos de los procesos cerebrales esenciales que rigen parte de estos comportamientos y que, en un contexto clínico, podamos constatar de manera habitual el tipo de disfunciones cerebrales que promueven y precipitan manifestaciones conductuales ocasionalmente atroces, que nos sirven para, en cierta medida, construir aproximaciones relativas a la neuropsicología de la violencia y de la bondad.

12

CUBAS, LÍNEAS DE COCA, PELEAS Y VIOLENCIA COTIDIANA

La agresión, sea física o verbal, forma parte del repertorio de conductas que en esencia definen aquello que consideramos violencia. En el ser humano se distinguen las formas de agresión reactiva o no premeditadas de las formas de agresión planificada. Las primeras son las que pueden acompañar a estados emocionales de profundo malestar, frustración e irritabilidad en respuesta a un evento puntual en particular. En estos casos, no existe un plan definido de por qué ni de cómo causar daño, simplemente se explota repentinamente y se da una respuesta violenta frente a un determinado acontecimiento. En contraposición, las segundas, las formas de violencia premeditada, hacen referencia a esas formas de agresión que han sido elaboradas en el tiempo, que se han construido trazando un plan y que se han asentado sobre un motivo, sea este coherente o no.

La conducta agresiva puede ser considerada, igual que el miedo, como una forma de expresión sumamente primitiva y eminentemente dirigida a la supervivencia. Todos, absolutamente todos los seres humanos, llevamos incorporada en nuestra biología más elemental la capacidad de generar conducta violenta en respuesta a determinados acontecimientos, sin que nada ni nadie nos haya tenido que enseñar cómo ejercer la violencia. No existen tribus salvajes despojadas de la malignidad de la sociedad occidental donde todo sea bienestar y convivencia en paz y armonía. Es decir, el «buen salvaje» es solo una idea bonita. Pero, incuestionablemente, el ser humano desarrolla una más o menos eficiente capacidad de autogobierno que le permite ajustar su comportamiento a las necesidades o requerimientos de un determinado contexto, con independencia de los impulsos primarios que intenten tomar el control. Un perro, por bueno que sea, puede momentáneamente morder a su amo si este le pisa la cola. No lo hace como consecuencia de una decisión elaborada ni con una finalidad maligna. Es solo una agresión reactiva. Por el contrario, el ser humano, a pesar de sentir el impulso de querer morder, puede inhibir o controlar este impulso si las circunstancias así lo requieren. Esta capacidad de autogobierno sobre la conducta constituye un componente de cognición particularmente humano que, además, empleamos para controlar otras formas de expresión, como pueden ser ciertas emociones o ideas. De este modo, cuando así nos lo exigimos o cuando así lo requiere el contexto, podemos ser capaces de parar y controlar aquello que involuntariamente se iba a expresar en forma de ira, de llanto, de lanzarse hacia la comida o de pensar en tonterías.

Esta capacidad para frenar la expresión conductual de toda una serie de procesos que ya se habían puesto en marcha o de parar determinados patrones de pensamientos se explica porque desarrollamos un sistema que denominamos de *control inhibitorio*. Pero para que los sistemas de control inhibitorio puedan realizar de manera eficiente su trabajo estos tienen que dialogar con otros sistemas. Por sí mismo, el control inhibitorio no puede operar. Necesita información que de algún modo justifique la necesidad de abortar la expresión de esta conducta. Es por ello por lo que, en condiciones normales, la inhibición trabaja en paralelo a los sistemas de monitorización o de supervisión y a los sistemas que integran el conocimiento relativo a las reglas del mundo en el que nos desenvolvemos. Dicho de otro modo, los sistemas dedicados a la inhibición ni conocen los motivos para ponerse a funcionar ni prestan atención a lo que sucede como para decidir por su cuenta que hay que parar. Necesitan que «alguien» les diga que les toca ponerse a trabajar.

Cuando estamos realizando una tarea rutinaria, y especialmente cuando es potencialmente peligrosa, como cortar en juliana una cebolla, algo en nuestro cerebro supervisa la secuencia de acciones que se van realizando durante ese acto. De este modo, a pesar de ser una secuencia de acciones rápidas y automatizadas, en el mejor de los casos conseguimos cortar la cebolla sin hacernos daño y, en caso de que por algún motivo se nos resbale el cuchillo, incluso podremos abortar el acto en el último momento evitando así cortarnos (no siempre, lo sé).

Es fascinante, puesto que todos experimentamos las consecuencias de la existencia de este sistema supervisor o de monitorización, que habitualmente nos demos cuenta y modifiquemos de manera automática cualquier pequeña desviación en nuestra conducta. Por ejemplo, cuando automáticamente corregimos una tecla mal pulsada al escribir con el teclado de la computadora, o cuando conduciendo rectificamos la dirección con un pequeño gesto al volante. De este modo, la monitorización aparece como un proceso esencial para que pueda desplegarse otra conducta totalmente natural: la corrección. Algo que no podría suceder si no se estuviera supervisando cómo hacemos las cosas. Pero ¿cómo sucede?

Cuando iniciamos una conducta dirigida a un objetivo, de algún modo, automáticamente y sin ser demasiado conscientes de ello, trazamos un plan que incluye «cuál es la mejor manera de hacer lo que hay que hacer para alcanzar ese objetivo y qué esperamos que suceda como consecuencia de ello». Por ejemplo, al querer agarrar un bolígrafo para ponernos a escribir, de entre todos los posibles movimientos que podemos realizar seleccionamos solo algunos, y así desplegamos una secuencia de movimientos muy específicos que básicamente definen el patrón de acciones más adecuado para agarrar ese bolígrafo. Durante la realización de esta acción nuestro sistema de monitorización evalúa cuánto se parece lo que está sucediendo con la secuencia de movimientos que habíamos anticipado. Si durante este proceso de evaluación el sistema de monitorización detecta algún tipo de discrepancia con respecto al plan, por ejemplo, que no estamos dirigiendo la mano en la dirección correcta, el sistema implementa automáticamente una corrección dirigida a conseguir alcanzar el objetivo. Pero para poder modificar la conducta, en este caso el acto motor defectuoso, e implementar la corrección, primero el sistema debe parar el acto incorrecto que se estaba realizando, esto es, lo debe inhibir. Esta inhibición la podemos desplegar de un modo deliberado o bajo nuestro control voluntario, aunque en muchas ocasiones se despliega automáticamente mientras realizamos determinadas acciones. Evidentemente, para que se desplieguen recursos de inhibición, antes algo debe haber supervisado lo que está sucediendo. De este modo, si nuestro sistema de monitorización no evalúa correctamente qué hacemos y cómo, es poco probable que se desplieguen mecanismos de inhibición que permitan frenar o ajustar una determinada conducta. Paralelamente, aun cuando los procesos de monitorización pueden funcionar con normalidad, en ocasiones lo que falla son los procesos de inhibición, algo que todos experimentamos en algún momento cuando, mientras cometemos un error, o incluso repetimos el mismo error, nos estamos dando cuenta de que nos estamos equivocando.

El estudio de los mecanismos cerebrales que rigen la monitorización de las acciones, la detección de errores, la inhibición y la implementación de correcciones ilustra una curiosidad que personalmente me resulta fascinante por completo. Existen muchas maneras de estudiar la función cerebral, pero pocas nos permiten registrar eventos neuronales que suceden en intervalos de pocos milisegundos. Evidentemente, cuando hablamos de monitorización y corrección, hablamos de algo que sucede de un modo casi instantáneo mientras actuamos y por ello, para estudiar estos procesos, debemos emplear técnicas que tengan una gran resolución temporal, como, por ejemplo, la electroencefalografía.

Empleando registros de la actividad eléctrica cerebral durante la realización de determinadas tareas, hemos podido demostrar que existe un correlato neuronal relacionado con la monitorización y que específicamente refleja el instante en que el sistema ha detectado errores durante la realización de una acción. Este proceso lo vemos en forma de una actividad neuronal de gran amplitud que aparece acompañando el preciso instante en el que se ha cometido un error y que denominamos *negatividad relacionada con el error*. Si observamos la secuencia de conductas y de actividad neurofisiológica que acompaña la realización de una determinada tarea, podemos constatar que, en efecto, cuando cometemos un error, se desencadena esta respuesta neurofisiológica y que, cuando ello sucede, es mucho más probable que el error se acompañe de una corrección automática. Es lógico que, si esta negatividad relacionada con el error refleja que el sistema de monitorización ha detectado que algo no estaba bien, se pueda desplegar algún tipo de corrección. Pero, si no lo detecta, no habrá corrección. Dicho de otro modo, no podemos corregir aquello que nuestro cerebro no interpreta que es un error.

Sabemos que esta actividad neurofisiológica relacionada con la detección del error, que en muchas afecciones se solapa con otro tipo de actividad, básicamente refleja que los sistemas dedicados a la inhibición se han puesto en funcionamiento, permitiendo parar momentáneamente la conducta. En este punto es importante que los lectores entiendan que esta secuencia de eventos neuronales sucede en menos de 200 milisegundos. Y aquí entra en juego la fascinante curiosidad que esto me produce y que intentaré resumir a continuación.

Los actos motores, por ejemplo, mover una mano, se acompañan de actividad neuronal en lo que denominamos *áreas motoras contralaterales*. Esto es, las áreas motoras del hemisferio izquierdo se activan con el movimiento de la mano derecha y viceversa. Justo antes de iniciar el movimiento, pero cuando ya existe la intención, las áreas motoras contralaterales a la mano que vamos a mover empiezan a activarse generando algo así como un potencial neuronal de preparación para el movimiento. Si registramos la actividad cerebral durante la realización de una tarea que requiere que el sujeto que la realiza emplee la mano derecha y la mano izquierda para dar determinadas respuestas, podemos observar cómo justo antes de que emita una respuesta con una de las manos aumenta la actividad en las áreas motoras contralaterales. Pues bien, si durante la realización de este tipo de tarea el sujeto comete algún tipo de error que automáticamente corrige, evidentemente podremos observar la aparición de la negatividad relacionada con el error, pero, curiosamente, esta negatividad no aparecerá justo tras cometer el error, sino que empezará a aparecer algunos milisegundos antes de que se haya producido la conducta que derivará en un error. Es decir, cuando frente a una determinada demanda el sistema de monitorización ha detectado que el acto motor que acompaña el potencial de preparación en curso derivará en un error, ya ha empezado a señalizar el error antes de que este se produzca. Y no solo eso, sino que durante este proceso de señalización de un error que aún no se ha producido las áreas motoras contralaterales a la otra mano, la que deberá moverse para dar una respuesta correcta, ya han empezado a activarse. Lo que resulta extraordinario es que toda esta secuencia de eventos neuronales que permitirán corregir una respuesta ha ocurrido antes de que la mano responsable de dar la respuesta errónea se haya movido, esto es, antes de que el error existiera.

Volviendo al ejemplo de cortar cebolla en tiras: ¿qué falló cuando nos cortamos si disponemos de un sistema supervisor? Por lo rutinario de algunas tareas, puede que el corte haya sido consecuencia de que no se ha desplegado atención sobre la tarea y, por lo tanto, no ha habido supervisión, ni por supuesto inhibición. Esto significa que, en ausencia de un mínimo despliegue de atención sobre la acción, conducta o pensamientos, los procesos no pueden ser del todo eficientes. En otros casos, puede que algo haya interferido con el procesamiento de la información en curso y que los recursos de inhibición no se hayan desplegado correctamente, o lo hayan hecho tarde, dando lugar a ese corte que todos nos hemos hecho, a sabiendas de que nos lo íbamos a hacer. Y es que, cuando el sistema supervisa pero no inhibe, de algún modo vemos lo que va a pasar, pero no lo podemos evitar. La fatiga, la repetición de una misma tarea, la ansiedad o el estar pensando en otras cosas... Hay muchos factores que pueden contribuir a que no se desplieguen de manera eficiente los procesos de monitorización o los de inhibición, dando lugar a esa cadena de fallos y tropiezos que tan habituales nos pueden resultar cuando tenemos un mal día o hemos dormido poco.

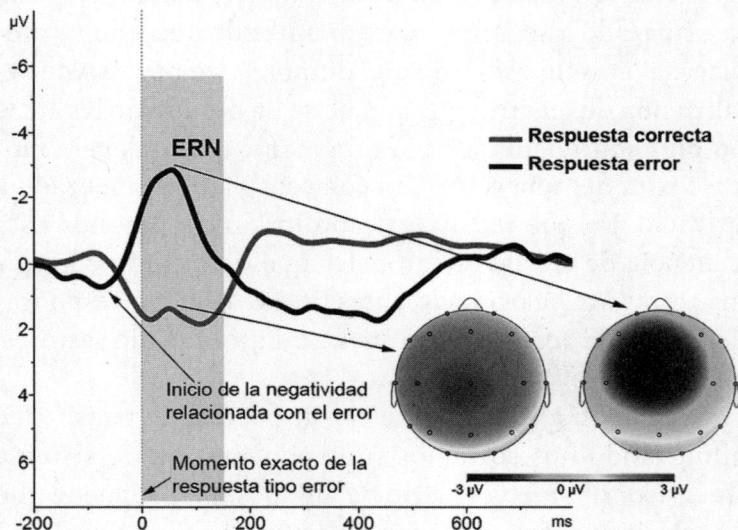

La figura ilustra el aspecto de la negatividad relacionada con los errores. El punto 0 define el instante exacto en el que se ha cometido el error. Se puede observar cómo la actividad neuroeléctrica que compone la negatividad relacionada con el error se empieza a producir varios milisegundos antes de que el error se haya cometido.

Desde el punto de vista de la anatomía cerebral, los sistemas dedicados a la monitorización y al control de inhibición se localizan básicamente en regiones adyacentes a lo que denominamos *corteza cingulada anterior,* una región profunda ubicada en la corteza prefrontal. No muy lejos de este territorio cerebral se encuentran las áreas orbitofrontales y ventromediales de la corteza prefrontal. Estas estructuras juegan un papel esencial en la integración del valor afectivo de aquello que está sucediendo, así como en la evaluación de los riesgos o costos derivados de aquello que hacemos. Además, estas regiones del cerebro reciben una gran cantidad de información de estructuras dedicadas al procesamiento emocional, y no solo del nuestro, sino también del que expresan los demás, de modo que también forman parte del sustento neurobiológico de la empatía.

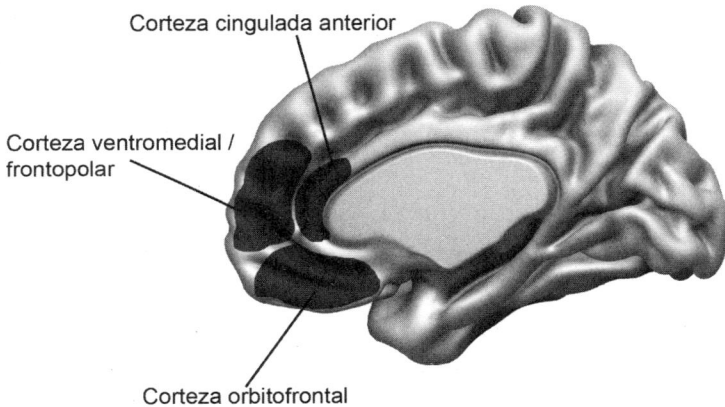

La imagen ilustra la localización de la corteza cingulada anterior, la corteza orbitofrontal y la corteza ventromedial frontopolar.

Esto sugiere que la evolución ha construido un sistema de supervisión y de inhibición que no solo tiene en cuenta el análisis más mecánico de las acciones que realizamos nosotros mismos, sino que también tiene en cuenta las sensaciones que derivan de aquello que hacemos, las emociones que nos provocan a nosotros y a los demás, y las consecuencias positivas o negativas que derivan de nuestros actos.

¿Qué papel juega todo ello en la expresión de la conducta violenta? ¿Qué nos explican estos procesos acerca de la agresión reactiva y de la agresión premeditada?

Las señales que recibimos del contexto, y que en primera instancia nuestro cerebro evalúa como potencialmente dañinas o emocionalmente muy activadoras, fácilmente desencadenan impulsos muy primarios dedicados a garantizar la supervivencia a través de la lucha o de la huida. Como ya hemos comentado, cuando estos procesos se despliegan, algunos de los sistemas cerebrales más evolucionados, los que nos dotan de autogobierno y de razón, se mantienen significativamente inactivos.

Si fuéramos un mamífero más sin corteza prefrontal, nada ni nadie podría evitar la expresión de las conductas que acompañan el despliegue de estos impulsos más primarios. Pero los seres humanos podemos frenar esta cascada, al menos, habitualmente. Podemos, puesto que disponemos de un sistema que supervisa no solo lo que hacemos, sino lo que vamos a hacer. Un sistema que anticipa, que evalúa consecuencias, sensaciones e intenciones y que nos permite desplegar de manera oportuna los recursos de inhibición necesarios para adecuar nuestro comportamiento a lo que sea más conveniente.

Por ejemplo, en la típica discusión banal de tráfico en la que pueden volar insultos y amenazas por todos los lados, resulta evidente que la idea de agredir puede aparecer en algún momento, pero la inhibimos, y lo hacemos básicamente porque evaluamos los riesgos o consecuencias que derivarían de esa conducta y porque disponemos de un sistema de inhibición que nos permite parar.

En determinados procesos neurodegenerativos o en el contexto de determinadas lesiones cerebrales sabemos que los sistemas dedicados a la monitorización, a la inhibición y a la evaluación de las consecuencias de aquello que hacemos se encuentran parcial o profundamente alterados. Una consecuencia previsible de este tipo de alteraciones es todo el conjunto de cambios comportamentales que habitualmente vemos en las personas afectadas por estas enfermedades y que suelen caracterizarse por el desarrollo de irritabilidad, agresividad, pérdida de la empatía, pobreza en la toma de decisiones, impulsividad y conducta socialmente desajustada a múltiples niveles, incluyendo, por ejemplo, formas de hipersexualidad o de ingesta compulsiva de comida. A este conjunto de cambios conductuales secundarios a lesiones o a enfermedades que comprometen los territorios cerebrales que sustentan el control, la empatía, el ajuste a las reglas, la paciencia, etcétera, los denominamos *signos frontales* o *conductas hipofrontales,* precisamente porque estos síntomas derivan del fracaso de los sistemas frontales que en condiciones normales nos permiten controlarnos.

Las dramáticas consecuencias de lo que sucede en las enfermedades ilustran un mapa de toda una serie de regiones y de procesos cerebrales que incuestionablemente juegan un papel central en la construcción de las conductas violentas, o al menos, de algunas de ellas. Atendiendo nuevamente a la fragilidad ya comentada de nuestro sistema nervioso, resulta plausible considerar que en un contexto de normalidad o de ausencia de enfermedad posiblemente algo suceda en esta circuitería como para condicionar una parte o la totalidad de algunas de las conductas violentas que podemos encontrarnos de manera cotidiana.

En el caso de los episodios de agresión reactiva, es sumamente coherente considerar el papel que determinados déficits transitorios de inhibición parecen jugar en la expresión de este tipo de violencia. Por ejemplo, en muchos episodios de violencia cotidiana no premeditada suelen aparecer en la ecuación sustancias como el alcohol, la cocaína

u otras drogas. Sin entrar en detalles relativos a la farmaco-
cinética de estas sustancias, todas ellas (y muchas otras)
actúan de algún modo sobre nuestro lóbulo frontal alteran-
do su funcionamiento normal. En consecuencia, procesos
que en ausencia de consumo se despliegan con total normalidad pueden fracasar total o parcialmente, aumentan-
do así significativamente el riesgo de que se generen
conductas de tipo hipofrontal. Un ejemplo evidente de ello
es la desinhibición que conlleva el consumo de alcohol y
cómo en estados de relativa embriaguez las personas hacemos cosas que no haríamos lúcidas y estimamos los riesgos
o consecuencias de nuestros actos de un modo sumamente
distinto. Esta misma hipofrontalidad que puede derivar,
en el mejor de los casos, en una noche loca y pasional, sin
duda, también juega un papel relevante en muchos episodios de violencia, puesto que, precisamente, la pobre supervisión y el pobre control inhibitorio asociado al
consumo de alcohol pueden propiciar que conductas que
forman parte de nuestro ser, pero que nunca desplegaría-
mos, aparezcan de forma ingobernable.

En este punto, vale la pena hacer hincapié en un detalle que nuevamente forma parte de lo que define lo
que somos. Habitualmente, cuando los familiares o allegados de una persona que ha padecido algún tipo de lesión en las zonas cerebrales dedicadas a la monitorización
e inhibición hablan sobre el paciente y su conducta, suelen explicar que «se ha vuelto malo». Pero la realidad es
que no exactamente se ha vuelto malo. Esas conductas
desajustadas y desproporcionadas no han aparecido de la
nada, como si la lesión cerebral las hubiera construido.
Esas conductas, esos impulsos han estado siempre ahí,
pero no se han expresado puesto que un sistema supervisor y de inhibición ha estado realizando correctamente
su trabajo hasta que llegó la lesión. Por ello, somos poten-

cialmente ambas cosas, aunque nos mantenemos bajo control. De este modo, el alcohol, por ejemplo, no promueve conductas sexuales más desenfrenadas o comportamientos más violentos, simplemente desinhibe, facilitando que se exprese sin control algo que en esencia también somos.

Evidentemente, ello no significa que todas las personas que beben vayan a cometer un acto violento porque son necesarios una serie de factores contextuales que por sí mismos, de manera aislada, tampoco podrían explicar la expresión de la violencia; pero, en determinados escenarios, la caprichosa combinación de estos y de otros elementos puede favorecer la expresión de este tipo de conductas.

En enfermedades como la demencia frontotemporal o la enfermedad de Huntington, ambos procesos neurodegenerativos, las funciones frontales se ven severamente comprometidas de manera gradual. En consecuencia, no es infrecuente que en personas afectadas por estas enfermedades veamos un cambio progresivo de su personalidad, de modo que individuos previamente tranquilos y educados se transformen en personas sumamente violentas y distintas a quienes fueron. Recuerdo hace años el caso de una mujer que llevaba tiempo lidiando con la transformación de su esposo. Él había sido una persona empática, relajada y extremadamente cariñosa que poco a poco fue convirtiéndose en un individuo irritable y violento. Con el tiempo llegaron los primeros episodios de maltrato verbal y posteriormente físico, casi siempre asociados a una persistente irritabilidad donde llevarle la contraria podía suponer que esa persona perdiera el control por temas totalmente banales. Lo más coherente, y posiblemente adecuado, hubiera sido que esta persona denunciara a su esposo, pero algo le hacía pensar que tenía que haber una explicación. Consiguió con esfuerzo que vieran a su esposo en la consulta de psiquiatría, donde les llamó la atención que realizara de manera continua unos pequeños movimientos con la boca que recordaban a cuando estamos mascando chicle. Este hallazgo supuso que nos derivaran el caso a nuestra unidad dedicada a trastornos que asocian movimientos anormales y así pudimos detectar toda una serie de sutilezas en los movimientos que justificaron realizar un estudio genético y confirmar que esta persona padecía una enfermedad de Huntington y que los cambios progresivos en su personalidad eran una consecuencia del daño neuronal que este proceso neurodegenerativo había ido causando conforme iba pasando el tiempo.

Todos estos ejemplos y modelos resultan relativamente coherentes para explicar la agresión reactiva o impulsiva, pero no parece que permitan explicar las formas más elaboradas y planificadas de violencia en ausencia de acto impulsivo e irreflexivo. Los mecanismos, procesos o causas que puedan llevar a una persona a hacer daño a otra persona, incluso a quitarle la vida, pueden ser infinitos. Evidentemente, en algunos casos la forma con la que ciertas enfermedades del cerebro se expresan transformando las ideas, el pensamiento y la percepción del mundo puede ser un elemento más que relevante en la construcción de la conducta violenta hacia los demás. Pero, en realidad, sabemos que la gran mayoría de los actos de violencia atroz hacia terceras personas suceden en ausencia de aparente enfermedad. En estos casos, desde mi punto de vista, que no exista una anomalía no significa que una parte de las variables en juego no sean de índole neuropsicológica o no tengan que ver con cómo la persona despliega ciertos procesos cognitivos.

Un ejemplo de ello tiene que ver con cómo las personas buscamos y encontramos soluciones a los problemas y cómo evaluamos las consecuencias que derivan de nuestras acciones. Si pasamos hambre y no tenemos comida, la mejor manera de solucionarlo es comprando comida. Si además no tenemos dinero para comprar comida, posiblemente existan distintas alternativas antes de considerar el robo como la mejor opción y, por supuesto, habrá millones de opciones antes de considerar el asesinato de una tercera persona para conseguir el dinero con el cual comprar la comida que queremos. Esta secuencia de posibilidades incluye algunas ideas que nos pueden parecer absurdas, pero que quizás pueden formar parte de las soluciones que algunos cerebros pueden encontrar frente a determinados problemas. Pensemos, pero pensemos con sinceridad en las siguientes cuestiones: ¿por qué no robamos cuando queremos algo? ¿Por qué no matamos a alguien a quien odiamos?

Parecen cuestiones muy obvias cuya respuesta no debería dudarse. Pero, si no robamos porque robar está mal, ¿cómo sabe nuestro cerebro qué está mal y qué está bien? Si no supiéramos anticipar las consecuencias que podrían derivar de un robo, ¿robaríamos? ¿Quitarle la vida a una persona es algo que no se hace porque es incorrecto? ¿No lo hacemos porque es un delito y eso implica penas de privación de libertad? Si no fuéramos capaces de anticipar la facilidad con la que se suele terminar descubriendo a un asesino, ¿mataríamos más?

La forma en la que nuestro cerebro elabora planes atendiendo a los riesgos que potencialmente derivan de estos planes —las consecuencias, las señales de alerta, las consideraciones relativas al bien y el mal y muchos otros componentes cognitivos indisociables del razonamiento orientado a la solución de problemas— juega un papel sumamente relevante en la construcción de algunos de los actos *planificados* más atroces que podemos encontrar en ausencia de enfermedad. La construcción y

el desarrollo de capacidades cognitivas eficientes dirigidas a ser capaces de solucionar problemas es, como muchos otros procesos cognitivos, algo que se nutre de las
experiencias, pero que también se ve moldeado por nuestra propia biología.

En este sentido, el análisis desde una óptica neuropsicológica de muchas de las características que acompañan
determinados actos criminales que no son reactivos sino
fruto de la planificación ilustra, de un modo muy claro,
cómo determinados procesos relacionados con la evaluación de los riesgos o la búsqueda de alternativas para la
solución de problemas han sido absoluta y totalmente in-
eficientes.

Evidentemente, con todo ello en ningún caso pretendo
justificar bajo el paraguas de la enfermedad o de la disfunción neuronal la existencia de la violencia ni mucho menos
minimizar su impacto o liberar de culpa al agresor. Lo que
sí defiendo y defenderé siempre es que, precisamente para
prevenir y evitar la lacra que supone en nuestra sociedad la
absurda violencia cotidiana, necesitamos urgentemente
disponer de modelos adecuados y científicamente validados que nos ayuden a comprender y a explicar a profundidad qué promueve todas estas conductas.

Las aproximaciones simplistas e incluso politizadas a
este tipo de fenómenos aportan una visión parcial y sesgada de unos sucesos cuya causa, sin duda, es multifactorial.
Precisamente para proteger a las víctimas necesitamos
contemplar todas las posibles variables que participan en
la configuración de los elementos que pueden explicar estas conductas.

Sin ello, sin entender los porqués ni los cómos, muy
difícilmente podremos actuar de manera efectiva en la
prevención de muchos, o al menos de algunos, de estos sucesos. Igualmente, sin una comprensión real del conjunto

de variables que hayan podido contribuir a la construcción del escenario perfecto para que se diera lugar a alguno de estos sucesos, será imposible pensar en la rehabilitación o reinserción.

13

VIOLENCIA AL VOLANTE

Hay una forma de absurda violencia cotidiana que, en gran medida, da la impresión de que podría explicarse como consecuencia de muchos de los procesos que he comentado. Pero antes voy a contar una anécdota personal.

Eran las 8 de la mañana y yo tendría unos veinte años. Conducía mi ciclomotor en dirección a la universidad cuando, al llegar a un semáforo, una pequeña van estampada con el logotipo de una determinada empresa hizo varias maniobras absurdas para adelantarse y ponerse en primera fila. En una de estas, la van estuvo a pocos centímetros de chocar conmigo y al adelantarme le toqué el claxon y con mi mano le hice un gesto. Lo que no había anticipado es que de pronto esa van paró en seco y de ella bajó un hombre de mediana edad desplegando en su postura, tono y gestos una tremenda hostilidad. El semáforo se puso en verde, pero esta persona no volvió a su coche, sino que se dirigió a mí gritando y amenazándome con darme una paliza. Desde mi ingenuidad le intenté explicar que, considerando la maniobra que había hecho, resultaba bastante razonable que le hubiera tocado el claxon, pero no, esa persona insistía fuera de sí en amenazarme y en jurarme que, si volvía a hacer algo parecido, me mataría. Lo mejor hubiera sido no decir nada, apartarme y seguir en dirección a la universidad, pero por algún motivo, posiblemente mediado parcialmente por mi ocasional impulsividad, opté por decirle algo. Viendo el logotipo de su empresa en la van, le pregunté si había considerado la posibilidad de matarme de verdad, puesto que, de no hacerlo, me resultaría bastante fácil denunciarlo, ya que aparecía el nombre y teléfono de su empresa en la van. No sé si eso tuvo efecto o simplemente fue que el mero paso del tiempo apacigua a las fieras, pero el hombre se fue.

Esta anécdota, que por algún caprichoso motivo de la memoria no he olvidado, ilustra un fenómeno que todos hemos experimentado alguna vez conduciendo o encontrándonos con gente que conduce. Este fenómeno no es otro que la sorprendente violencia y agresividad que caracteriza a muchas personas cuando se sientan al volante de un coche. ¿Por qué pasa esto? ¿Cómo puede ser que una persona totalmente estable al volante pueda convertirse en una bestia, aunque sea momentáneamente, al suceder determinados acontecimientos?

Igual que sucede con otras formas de violencia y, en realidad, con cualquier forma de conducta humana, no tenemos una respuesta exacta y general que se aplique a todos los casos. Al margen de ello, existen toda una serie de trabajos enfocados desde la psicología de la personalidad, la clínica y la social acerca de la ira al volante que aportan datos excelentes relacionados con los mecanismos esencialmente psicológicos que podrían contribuir a este tipo de comportamiento. Pero desde la perspectiva de un neuropsicólogo curioso también tenemos elementos que nos permiten razonar, estudiando la función cerebral y los procesos neurocognitivos, en torno a los mecanismos que podrían contribuir al desarrollo de estos fenómenos o de algunos de ellos.

En el capítulo anterior, mencioné el modelo de organización cerebral que relaciona la expresión de la emoción y la función frontal e introduje el concepto relativo a cómo la evolución ha priorizado la expresión de la emoción sobre la razón. Los estímulos impactan con nuestro sistema nervioso a través de los órganos sensoriales, como la vista o el oído. Esta información sensorial carente de significado será posteriormente procesada y elaborada a lo largo de una secuencia de sucesos neuronales que terminarán por dotar de significado a aquello que hemos sentido. Por ejemplo, la información visual, *grosso modo*, viaja del mundo exterior a la retina, atravesando nuestro sistema nervioso hasta impactar con las regiones más posteriores del cerebro a nivel occipital e iniciar el reconocimiento visual a lo largo de estructuras occipitales, parietales y temporales. Pero, antes de que la información llegue a las áreas visuales primarias en la corteza occipital, algunas neuronas han proyectado los primeros esbozos de información visual hacia otra dirección. A través de una región del tálamo que denominamos *núcleo pulvinar*, parte de la información visual impacta con la amígdala en el sistema límbico. La amígdala juega un papel crítico en la experiencia emocional del miedo y en la evocación de un patrón de conductas primitivas y altamente adaptativas que denominamos de lucha o huida. A lo largo de la evolución y de un modo muy preservado entre especies, la amígdala se ha ido desarrollando como estructura esencial en la experiencia del miedo y en la puesta en funcionamiento de toda una serie de respuestas fisiológicas que de un modo automático e irreflexivo nos predisponen a luchar o a escapar de un eventual peligro. Por su parte, entre otras cosas, el núcleo pulvinar del tálamo, además de enviar información proveniente del mundo externo hacia la amígdala, también ejerce cierta función de «amplificación» del significado del evento externo. De este modo, la amígdala ya recibe del núcleo pulvinar una señal de mayor o menor alerta. Es importante tener en cuenta que la información visual y auditiva que llega al sistema límbico lo hace antes de que haya alcanzado las regiones visuales o auditivas primarias y, por supuesto, antes de que se haya producido el reconocimiento del estímulo. Por lo tanto, nuestro sistema límbico reacciona, y nos hace reaccionar, antes de que sepamos a qué estamos reaccionando.

SISTEMA LÍMBICO

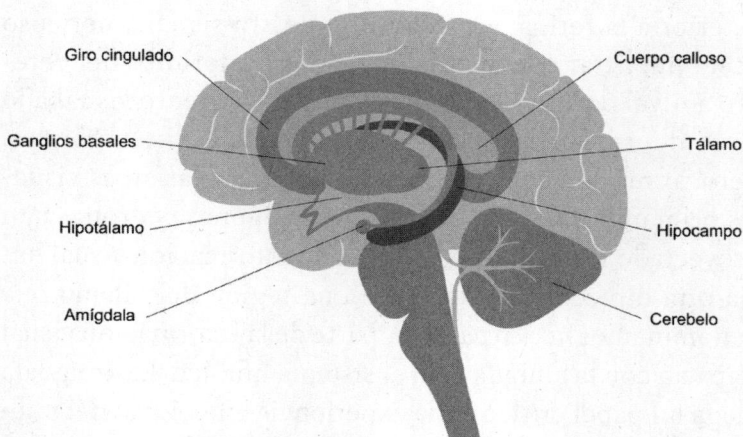

Giro cingulado

Ganglios basales

Hipotálamo

Amígdala

Cuerpo calloso

Tálamo

Hipocampo

Cerebelo

Representación esquemática de las estructuras que componen el sistema límbico en el cerebro.

En otro apartado esbocé esa idea relativa a qué poco eficiente resultaría en el mundo donde hemos evolucionado perder tiempo evaluando riesgos en lugar de simplemente reaccionar a un posible peligro. Esta obviedad ha dado lugar a una configuración de la relación estructural y funcional del sistema límbico con la corteza prefrontal que prioriza aquello que sucede en el sistema límbico. De este modo, la activación límbica automática se sitúa inicialmente por encima y por delante de nuestra capacidad de control, de gobierno y de reflexión. Por ejemplo, como ilustró en *El cerebro emocional* el brillante Joseph LeDoux, es muy fácil que el sistema evoque una respuesta de huida al creer haber visto una serpiente cuando, en realidad, era una manguera, pero es muy difícil que esto suceda al revés y que creamos haber visto una manguera en lugar de una serpiente.

Sea como sea, nuestra historia evolutiva ha ido tatuando en nuestra biología toda una serie de eventos y de estímulos que en gran medida han supuesto consecuencias trágicas para la vida. Ello ha dado lugar a que, de un modo universal, los seres vivos experimentemos miedos muy primarios ante toda una serie de elementos y situaciones como pueden ser el fuego, las alturas, la oscuridad, los animales grandes, los animales venenosos, los grandes caudales de agua, las expresiones violentas, etcétera. Aprender a anticipar muchos de estos peligros y a escapar de ellos ha desempeñado un papel esencial en la evolución de las especies. Así que incorporar la habilidad para responder rápidamente ante ellos ha supuesto una ventaja adaptativa para las especies que lo han conseguido. Tanto es así que esto da lugar a uno de los ejemplos más evidentes de la irracionalidad parcial que rige muchas de las conductas humanas: las personas tienen miedo a las serpientes, pero no a los coches. ¿A cuántas personas conoce el lector que hayan sido mordidas y finalmente hayan fallecido por un ataque de serpiente? ¿A cuántas que hayan padecido un accidente de tráfico grave? ¿Qué decir de los tiburones? ¿Sabe el lector que el animal más mortífero del reino animal es el mosquito?

A pesar de que de un modo racional y estadístico la probabilidad de fallecer en un accidente de tráfico sea elevadísima, no nos sentamos al volante pensando en que podemos morir. Por el contrario, es mucho más fácil que alguien le tenga miedo a los tiburones, a las serpientes o a monstruos y asesinos imaginarios en la oscuridad.

¿Y qué tiene esto que ver con que la gente se vuelva imbécil cuando conduce? A pesar de que para nuestro cerebro temer a las serpientes sea lo más coherente del mundo, nuestra experiencia cotidiana ha ido construyendo toda una serie de aprendizajes que, sin ser parte de la filogenia de nuestra especie, constituyen nuestra historia de experiencias vitales. Cualquier suceso puede convertirse en algo aterrador para nuestro cerebro y para ello no es necesario nada demasiado complejo. La exposición a una situación que se acompañe de una experiencia de miedo intenso es capaz de, precisamente por este interés que tiene el cerebro en el miedo como señal de supervivencia, convertir ese evento en algo sumamente estresante. En esencia, este tipo de aprendizaje es la base de lo que denominamos *fobias específicas*. Estas no son otra cosa que respuestas absolutamente desmedidas de ansiedad frente a un determinado estímulo o suceso (por ejemplo, un ascensor o pensar en usar un ascensor) que se han construido como consecuencia de las relaciones o aprendizajes que se establecen en función de nuestras experiencias. De este modo, a nivel neurobiológico, básicamente lo que sucede en el contexto de la respuesta fóbica es que al exponernos a un estímulo (un ascensor), si por lo que sea, en presencia de dicho estímulo, se desencadena una respuesta fisiológica que el cerebro interpreta como propia de un peligro inminente (el ascensor se queda bloqueado), es relativamente fácil que estos procesos tan primitivos dedicados a la supervivencia establezcan una relación entre ascensor y miedo que pueda resultar más o menos permanente en el tiempo. Esto da lugar a la ansiedad anticipatoria que una persona que haya realizado esta construcción podría experimentar al anticipar la situación de subir a un ascensor. El problema, en la mayoría de los casos, reside en que estas relaciones, estos miedos, obedecen a una construcción, no a una realidad. Pero, precisamente porque el cerebro prioriza el miedo a la razón, por más que intentamos emplear la razón para hacer frente a este tipo de miedos no lo conseguimos.

El papel de la experiencia y de nuestros aprendizajes es por ello tan relevante como lo pueda ser la arquitectura neuronal más elemental que hayamos podido heredar de nuestros ancestros. Algo que para la mayoría puede ser un estímulo o un contexto totalmente banal desde el punto de vista de la respuesta emocional que provoca, o que pueda incluso suscitar una respuesta emocional positiva y de placer, puede, en función de las historias de cada uno, desencadenar una infinidad de emociones negativas en otras personas. Hay canciones que nos emocionan de forma positiva porque nos llevan a unas vacaciones durante la adolescencia y que para otras personas suponen un gran sufrimiento psicológico puesto que esa misma canción sonaba pocos minutos antes de que les comunicaran una tragedia. Los fuegos artificiales nos pueden parecer bellos y parte de todo tipo de festejos si no hemos experimentado una situación bélica, y las relaciones personales pueden ser una inmensa fuente de placer en todos los sentidos si no nos ha tocado recibir golpes o palizas del otro.

De este modo, a pesar de que un coche no sea parte de esos estímulos a los que nos hemos ido exponiendo a lo largo de nuestra evolución y que han ido contribuyendo a configurar un sistema primitivo que anticipa miedo o peligro ante las serpientes o la oscuridad, en sí mismo y en lo relativo a lo que sucede mientras se emplea, al día de hoy y como consecuencia de nuestra historia de aprendizajes, un coche lleva implícita toda una serie de elementos psicológicos que incuestionablemente son capaces de provocar determinadas respuestas en nuestros procesos cerebrales. Todos, de un modo u otro, nos hemos visto y nos vemos expuestos a información relacionada con los peligros que supone conducir. Por un lado, prácticamente a diario vemos o escuchamos noticias relacionadas con accidentes y con muertes en la carretera. Por otro lado, prácticamente todos conocemos en primera persona algún caso que ha resultado fatal al volante, e igualmente es fácil que hayamos vivido en carne propia algún accidente. Así que, de un modo similar a esos aprendizajes, por esas asociaciones automáticas que un cerebro es capaz de establecer entre un simple ascensor y el miedo, resulta previsible que el cerebro tenga en cuenta toda esta información contextual que nos llega a través de la experiencia con relación a conducir. Paralelamente, el propio acto de conducir se acompaña del despliegue de una cascada de procesos neurocognitivos altamente demandantes en forma de atención, coordinación psicomotora, procesamiento visual y auditivo, procesamiento espacial, anticipación, etcétera. Conducir supone saturar notablemente nuestras capacidades cognitivas, dando lugar a que después de un trayecto al volante relativamente largo o difícil nos sintamos fatigados.

Atendiendo a esa historia de aprendizajes relacionados con la conducción y a cómo el cerebro construye y anticipa posibles peligros, es previsible que la mera exposición al estímulo «coche» o al contexto «tener que conducir» irremediablemente ponga en funcionamiento todos esos sistemas primitivos de alerta que nos preparan para la eventual huida o lucha, esto es, en el segundo caso, para la violencia. Pero, evidentemente, al subir al coche no experimentamos necesariamente ni miedo ni ira, algo que es totalmente normal sabiendo a que el principal recurso que desplegamos para que conducir no nos precipite a la muerte es una cascada de complejos procesos cognitivos dedicados a la conducción. Visto así, parece razonable imaginar que cuando conducimos mantenemos nuestro sistema nervioso en un estado de extrema fragilidad, ya que, por una parte, todos los sistemas de alerta están pendientes de aquello que hemos identificado como peligros al volante, mientras que, por otra parte, toda una serie de sistemas cognitivos intentan desplegar de la mejor manera posible infinidad de procesos con el propósito de no fracasar al volante. Tanto es así que más de una persona seguro que conoce a alguien que para realizar alguna tarea sobreañadida durante la conducción, por ejemplo, estacionarse, necesita liberar alguno de estos procesos cognitivos y así ejecutar correctamente el acto de estacionarse. Es entonces cuando estas personas, por ejemplo, necesitan apagar la música.

Este modelo, a mi modo de entender y partiendo no solo de una serie de supuestos, sino de toda una serie de certezas relativas a cómo funcionamos, ilustra un escenario plausible desde el cual explicar por qué resulta tan fácil que alguien estalle al volante a la mínima. Para mí resulta bastante obvio y coherente: ¿qué cabe esperar de alguien cuyos sistemas de alerta y procesamiento del peligro están activos a la par que prácticamente todos sus recursos cognitivos están saturando el sistema? ¿Qué podría suceder en la expresión emocional y conductual si en un determinado instante, con o sin razón (eso casi siempre da igual), en este contexto de hiperalerta/saturación llegara un *input* nuevo de supuesto peligro sobreañadido, llamémosle volantazo del de al lado, intermitente que no se pone, claxonazo o lentitud extrema entre otros?

Desconozco qué tipo de experiencias al volante y en la vida había tenido ese conductor maleducado y violento que me encontré en ese semáforo. Quizás era una persona agresiva en múltiples ámbitos de su día a día, quizás había bebido, quizás tenía una personalidad extremadamente temperamental desde siempre. Quizás, por qué no, simplemente era estúpido. Existen otra infinidad de variables que, sin duda, entran en juego más allá de mi reduccionista interpretación del fenómeno. Pero es lícito pensar también que quizás esa persona era alguien totalmente normal, que simplemente no pudo ni supo reaccionar ante ese claxonazo, y lo que su cerebro hizo con él le llevó a actuar así.

14

YO NUNCA LO HARÍA

Hay infinidad de situaciones en las que, al imaginarnos en ellas en un contexto posible pero ficticio, nos cuesta creer que nuestra reacción o comportamiento pudiera responder de una determinada manera. Obviamente, voy a ser incapaz de resumir todas aquellas que en alguna ocasión han suscitado que mi curiosidad científica intente entenderlas mejor, pero sí que existen algunas que considero interesante analizar.

Adentrarse en el estudio de lo normal y de lo patológico al hablar de conducta humana implica necesariamente hacerlo desde una postura de absoluta sinceridad con lo que somos. Sin hacerlo, es imposible que observemos y analicemos los comportamientos como lo que son en muchos casos, independientemente de su complejidad: meras formas de expresión dentro de la más absoluta normalidad del ser humano.

De todo el conglomerado de conductas que nunca llevaríamos a cabo y con las que podríamos escribir libros enteros, hay una que me resulta particularmente desconcertante. En nuestro sistema occidental, asentado sobre los cimientos del bienestar de una sociedad libre de guerras, de hambrunas y de pobreza, parece incuestionable que el altruismo y el sentido de la responsabilidad hacia los demás son una característica de nuestra sociedad. *A priori* parece que nos encantan esas historias donde los desconocidos ayudan a otras personas incluso poniendo su vida en riesgo, y, por supuesto, desde la comodidad de nuestros sofás y habitaciones con calefacción solemos transmitir una enorme empatía hacia los problemas de los demás.

Hace pocos meses vivimos en directo uno de los episodios más dramáticos que hemos podido contemplar en el televisor, no solo por lo que contaban esas imágenes, sino por lo que, sin llegar a verla, todos sabíamos que iba a suponer esa historia. Me refiero a la recuperación por parte de los talibanes del control sobre Afganistán y a las terribles imágenes de hombres y mujeres tratando de escapar de lo que era inevitable en caso de continuar viviendo en su país. Como siempre, la respuesta de la comunidad fue absoluta y todos nos pasamos horas viendo y comentando esas terribles noticias, incluso algunos manifestándose en las calles a favor de la población afgana. Pero el resultado real al día de hoy es que la situación debe seguir siendo la misma o peor y que básicamente, seamos sinceros, nos da igual. Una indiferencia muy parecida a la que hemos visto con el conflicto entre Ucrania y Rusia, las hambrunas en África, la explotación infantil por parte de las marcas de ropa que vestimos, las atrocidades relacionadas con la explotación de las minas de litio con las que se fabrican las baterías de nuestros teléfonos y un largo etcétera.

Existe aquello en lo que pensamos, y pensamos en aquello que conocemos y sobre lo que desplegamos atención. Los recuerdos olvidados, las palabras a las que no atendimos o las canciones que no escuchamos existen quizás ahí fuera, pero son cosas en las que no podemos pensar porque dejaron de existir dentro de nosotros. Los medios de comunicación nos exponen realidades que, por supuesto, nos impactan y afectan. El paso del tiempo, sea en parte por la costumbre que supone la exposición continua al mismo tipo de información, sea simplemente porque la información deja de aparecer en los medios, va difuminando esas imágenes de nuestra realidad cotidiana y, en consecuencia, se van alejando nuestros sentimientos de aquello que durante unos días incluso nos hizo llorar. Eso no nos convierte en desalmados, simplemente cuenta algo acerca de cómo estamos hechos y de cómo funcionamos. Y eso tiene mucho que ver con que, en realidad, desplegamos unas dosis de altruismo muy limitadas a lo largo de nuestra vida, especialmente cuando no conocemos para nada al posible o posibles beneficiarios. Sobre este tema se ha escrito mucho y se ha relacionado con el parentesco biológico, que actúa en nuestra predisposición de ayudar al otro. De algún modo, todos tenemos incorporado algo así como un instinto de protección y de ayuda hacia aquellos que son próximos a nosotros, sea esta proximidad biológica (hermanos, hijos) o construida socialmente (pareja). Lo que resulta incuestionable es que es muy difícil que despleguemos el mismo interés y ayuda por un desconocido de Nepal que por nuestra prima hermana.

Hay otra realidad mucho más cotidiana, y quizás más sorprendente aún, que ha sido objeto de diversos estudios y que no podemos cuestionar, a pesar de que algunos de los ejemplos que históricamente se han presentado para hablar de ella no sean del todo correctos. Si le preguntamos a cualquiera qué haría si se encontrara en la calle a una persona claramente enferma o pidiendo ayuda, la mayoría de la gente responde que ayudaría a esas personas.

Pero lamentablemente la realidad es que, en muchos casos, especialmente cuando estos encuentros suceden en espacios amplios donde es previsible que haya otras personas alrededor, las personas no prestan ayuda, sino que la omiten, dando lugar a lo que conocemos como *efecto espectador* o, en inglés, *bystander effect*.

Este fenómeno tiene posiblemente mucho mas de psicológico y social que de estrictamente neuropsicológico, pero a pesar de ello no deja de ser una conducta que expresa el ser humano y, por lo tanto, susceptible de ser analizada en parte desde la óptica de lo que sabemos que hace nuestro cerebro con nuestros procesos cognitivos.

Básicamente, el efecto espectador define el escenario desde el cual se presupone que es menos probable que una persona atienda una posible emergencia cuando hay más personas alrededor. Curiosamente, parece que dicho efecto no sucede del mismo modo en todos los contextos ni se da por igual en todas las personas, de forma que cabe esperar que alguien que no actuó en un determinado contexto lo pueda hacer en otro o que algunas personas, con independencia del contexto, tiendan a prestar ayuda. Sea como sea, resulta obvio que este efecto no define una característica universal del ser humano, pero sí que define un escenario posible, muy distinto al que solemos esbozar cuando nos imaginamos realizando todo tipo de heroicidades por y para los demás.

El escenario clásico con el que podemos imaginar el efecto espectador y que, sin duda, todos hemos experimentado en alguna ocasión podría ser el siguiente: ¿qué posibilidades hay de que mientras cruzamos una transitada estación de tren nos paremos a ayudar a una persona tirada en un rincón que muestra evidentes signos de encontrarse mal, de estar embriagada o de haber perdido el conocimiento? Que cada quien piense con sinceridad la respuesta.

Hace algunos años, al salir de una consulta con mi dentista, vi que al otro lado de la calle una mujer literalmente arrastraba a otra mujer muy mayor que claramente tenía dificultades para caminar. Por deformación profesional, la primera impresión que tuve es que se trataba de una persona con parkinsonismo que estaba padeciendo un episodio de congelación de la marcha. Estos episodios son frecuentes en las etapas avanzadas de la enfermedad de Parkinson y se caracterizan precisamente por una extrema rigidez e incapacidad para ponerse a caminar, haciendo que la persona adopte el aspecto de haberse quedado congelada. Al acercarme pude constatar que esa mujer no tenía un parkinsonismo, sino que se había fracturado la cadera en una caída, y que la persona que la acompañaba, una transeúnte que la vio caer, la estaba acercando a la silla de un bar. Cuando yo hice acto de presencia interesándome por el estado de esa mujer, rápidamente la transeúnte optó por desaparecer. Al pedir una silla a los propietarios del bar para sentarla mientras llamaba a los servicios de emergencia pareció como si les estuviera proponiendo algo imposible, aunque finalmente accedieron. Cuando estábamos esperando a la ambulancia, salieron dos personas de una puerta que reconocieron a esa mujer como su vecina. La mujer me contó que tenía que volver rápidamente a su casa antes de que regresara su hijo. Lo contó con tanto miedo que no pude evitar preguntar, y así descubrí que su hijo padecía una enfermedad mental grave que generaba múltiples problemas de conducta hacia su madre. Al parecer, esa mujer había aprovechado que su hijo había salido para ir a comprar unas malditas galletas, con tan mala suerte que se resbaló y se fracturó la cadera. Cuando las vecinas se acercaron, me contaron que conocían a la mujer y a su hijo y que, efectivamente, era importante que su hijo no la viera con nosotros, puesto que prácticamente cada día y cada noche oían los gritos y los golpes que le propinaba. En ese instante, no pude evitar preguntar a las vecinas si ellas habían oído en muchas ocasiones esos gritos y golpes. Dijeron que sí. Entonces tampoco pude evitar preguntarles si alguna vez habían avisado a los servicios de emergencias cuando oyeron los gritos y los golpes. La respuesta, obviamente, fue que no.

¿Qué motiva a una persona a entregarse al sufrimiento de alguien anónimo o a evitar implicarse siquiera haciendo algo tan sencillo como una llamada telefónica?

Existen muchos estudios actuales que demuestran que, tal y como decía anteriormente, este fenómeno de omisión de la ayuda durante el efecto espectador no necesariamente sucede siempre, pero ello no implica que, en determinados contextos, el fenómeno inevitablemente se produzca.

Los mecanismos exactos que parecen contribuir a los fenómenos de omisión de ayuda cuando hay otras personas alrededor parece que tienen mucho que ver con la anticipación de que otras personas ya prestarán ayuda, difuminando por lo tanto el sentido de la responsabilidad de uno mismo hacia los demás. Desde una perspectiva neuropsicológica, existe toda una serie de procesos que, sin constituir las bases fundamentales de este fenómeno, contribuyen potencialmente a que este se pueda expresar tal y como lo conocemos. Por un lado, está lo que definimos como sentido de la agencia, que se refiere a la sensación que todos tenemos de que nuestras acciones nos pertenecen y que aquello que sucede a nuestro alrededor se ve influido por lo que hacemos. En nuestra interacción con el mundo, gracias a determinadas regiones del lóbulo parietal y frontal, integramos como parte de nosotros lo que nos rodea, permitiendo, entre otras cosas, sentirnos relacionados con el mundo exterior. En determinados contextos, por ejemplo, durante algunos episodios de pánico, es frecuente que las personas describan una sensación de desrealización que en esencia implica la pérdida total o parcial del sentido de agencia. Durante estos episodios, las personas que los experimentan pueden tener la impresión de percibir el mundo como algo extraño y de no sentirse dueños de sus acciones. En el efecto espectador, cabría suponer que uno de los mecanismos que podría propiciar la ausencia de despliegue de ayuda tendría que ver con la pobre integración de aquello que está sucediéndole a otra persona como parte del mundo que ocupa uno mismo. En consecuencia, podrían no desplegarse determinadas respuestas basadas en el sentido de la responsabilidad si el cerebro no integra como responsabilidad nuestra algo que sucede en nuestro entorno. Como ya he comentado en distintos apartados, el miedo y la ansiedad son reacciones normales que manifestamos de manera involuntaria en respuesta a determinados eventos. Durante los episodios con carga emocional en forma de miedo o ansiedad, determinadas regiones cerebrales dedicadas a la evaluación racional del contexto o de las posibilidades operan de un modo muy distinto a como lo hacen cuando no estamos expuestos a este tipo de emociones. Exponernos a una determinada emergencia podría contribuir a que se generasen este tipo de respuestas emocionales, propiciando una forma de evaluar el contexto muy condicionada por la forma en la que funciona el cerebro durante estos episodios y, así, facilitando que no se desarrollasen conductas que *a priori* nos podrían parecer totalmente razonables. La influencia social sobre la conformidad es un fenómeno muy conocido que explica la tendencia a obedecer o a conformarnos con lo que hace la mayoría sin reflexionar a profundidad acerca de si debemos o no hacerlo. Las áreas frontales mediales, responsables de integrar las señales que provienen de nuestro contexto y de

atribuirles significado, parece que podrían contribuir notablemente a normalizar como conducta propia aquella
que básicamente hacen los demás. Ejemplos de este tipo
de formas de conformidad los vemos en algunos experimentos sumamente graciosos, como lo ilustra el experimento
del ascensor de Solomon Asch. En este experimento se
disponía a un grupo de personas dentro de un ascensor,
siendo todas, menos una de ellas, parte del experimento.
Al cerrarse las puertas del ascensor, las personas que for-
maban parte del experimento adoptaban una posición absurda orientando su cuerpo contra la pared de modo que
cada uno de los sujetos se quedaba mirando a una de las
paredes del ascensor mientras que el sujeto ajeno al experimento se quedaba sorprendido en el centro. Curiosamente, conforme pasaba el tiempo, este individuo, que
evidentemente no entendía nada acerca de la extraña posición de los otros individuos, tendía a adoptar la misma
postura que el resto, dejando de situarse en el centro, para
ladearse y quedarse mirando a una de las paredes. De este
modo, si bajo la presión social somos capaces de adoptar
conductas tan absurdas como la descrita, no resulta ilógico
considerar que podamos adoptar otras formas de comportamiento como las referidas bajo el efecto espectador si las
circunstancias son las adecuadas, como, por ejemplo, bajo la
influencia de una infinidad de otros individuos en un entorno plagado de estímulos. De hecho, la situación en la que
suele darse el efecto espectador no es otra que escenarios
repletos de gente y de estímulos y, por ende, situaciones que
pueden saturar algunos de los sistemas tan delicados que he
ido comentado. Por ejemplo, procesos tan automáticos como
los que rigen el procesamiento de la empatía o determinados procesos de toma de decisiones pueden verse inoportu-
namente interferidos en condiciones de sobreestimulación,

contribuyendo así a que el tipo de conductas que se manifiesten no sean las más oportunas.

En cualquier caso, existe una consecuencia derivada de esa sinceridad con la que, insisto, debemos aproximarnos al estudio de la conducta humana. Esta consecuencia, además, tiene mucho que ver con lo que, desde el punto de vista neurocognitivo, hemos sido capaces de desarrollar como especie. Ser conscientes de lo que somos y de cómo actuamos implica ser capaces de pensar acerca de cómo pensamos, sentimos y nos comportamos. Este ejercicio de metacognición resulta único en el reino animal y, entre otras cosas, nos permite observarnos desde algún lugar y darnos la oportunidad de intentar ajustar lo que hacemos a las necesidades que derivan de lo que sucede a nuestro alrededor. Los automatismos forman parte de todo aquello que contribuye a la expresión de nuestra conducta, pero, desengañémonos, la mayor parte de las conductas que realizamos implican un tiempo suficiente como para haber sido capaces de evaluar qué diantres estamos o no estamos haciendo y, en consecuencia, para decidir qué hacer o qué seguir haciendo. Así que, posiblemente, no sea tan necesario buscar razonamientos fundamentados en la neuropsicología o la psicología social para responder a la pregunta de por qué en ocasiones hacemos lo que hacemos. Posiblemente, un mero acto de metacognición y de sinceridad con nosotros mismos contenga la respuesta más acertada y cada uno de nosotros ya la conozca.

CUARTA PARTE

INTUICIÓN, CLARIVIDENCIA Y OTRAS EXPERIENCIAS EXTRAÑAS

Miles, en realidad, millones de personas refieren haber vivido en algún momento experiencias que podemos clasificar como «extrañas» o «sobrenaturales». Estas experiencias incluyen, entre otras, la intuición, la impresión de haber pronosticado un acontecimiento futuro, las experiencias relacionadas con el contacto con extraterrestres, las posesiones diabólicas y las experiencias cercanas a la muerte. Estas vivencias han formado parte de los atributos culturales de nuestra especie ahora y a lo largo del tiempo. Dicho de otro modo, se han contado siempre y han sucedido siempre de un modo muy similar entre culturas. Una posible explicación a este tipo de fenómenos, dejando al margen lo paranormal, sería considerar que la gente miente y que inventa estas historias para sacar algún tipo de beneficio. Evidentemente, esta posibilidad existe y podría ser la explicación de algunos de estos episodios. Pero el estudio de las experiencias paranormales nos demuestra que, en la mayoría de los casos, las personas no mienten. Por lo tanto, a no ser que la explicación forme parte de lo inexplicable, debemos contemplar otras posibilidades que de un modo racional nos permitan entender qué provoca este tipo de fenómenos.

En mi caso, crecí en un entorno en el que, entre muchos otros estímulos, la curiosidad por el mundo paranormal estuvo relativamente presente. Mi padre siempre sintió mucha curiosidad por estos fenómenos y supongo que leer todas las revistas especializadas sobre esta temática lo distraía. Esto supuso que cayera en mis manos infinidad de lecturas relacionadas con estos sucesos y que, por supuesto, despertaran una inmensa curiosidad en mí. Por algún motivo, nunca he estado dotado del don o la predisposición para creer. No niego ni me posiciono contra distintas posibilidades. Por el contrario, me considero alguien sumamente curioso y fascinado por intentar entender los mecanismos que explican el comportamiento y la vida mental humana. De este modo, cuando fui introduciéndome en el mundo de la neuropsicología, poco a poco fui aprendiendo que existían incontables escenarios neurológicos que hacían totalmente plausible que una persona pudiera experimentar este tipo de experiencias. Desde los modelos psicológicos más generales, no necesariamente neuropsicológicos, también empecé a comprender que los mecanismos que rigen la construcción de nuestras ideas, percepciones, recuerdos y sentido de la realidad podían igualmente contribuir de manera muy significativa a la construcción de este tipo de experiencias.

Desconozco, sinceramente, si hay algo más allá de lo que podemos explicar científicamente o si lo que hoy es inexplicable pasado mañana dejará de serlo. En cualquier caso, me cuesta considerar plausible la posibilidad sobrenatural en tanto que disponemos de muchas explicaciones sólidas que permiten dar una respuesta coherente a estas vivencias. Con todo ello, jamás pretendería sugerir que estas experiencias no existan, pero sí me permito considerar rigurosamente la posibilidad de que tengan una explicación compleja y racional. Para alguien como yo resulta inevitable someter este tipo de fenómenos a las reglas del método científico para, en esencia, estudiar la posibilidad de que haya una explicación y, en caso de que no sea así, entonces quizás considerar otras posibilidades.

Los seres humanos no estamos construidos para disponer de explicaciones acerca de todo lo que nos sucede. Algunas personas, por su formación o por sus habilidades aprendidas, saben cómo funciona el motor de un coche y cómo arreglarlo o saben cómo elaborar una exquisita receta culinaria. Otras personas dominan la astrofísica o la física nuclear, saben conducir un auto de Fórmula 1, son virtuosos del piano o conocen a profundidad el funcionamiento de la mente humana. De este modo, si aplicamos esa regla de la humildad necesaria que nos permite saber reconocer lo que sabemos y lo que no sabemos, o saber que sabemos tanto como para ser conscientes de todo lo que no sabemos, nos podemos situar en un plano desde donde reconocemos que no tenemos la capacidad para entender o poder explicar todas las cosas.

Para todo lo que tiene que ver con la mente y la conducta humana, con independencia de ser algo que responde a un sistema sumamente complejo, todo el mundo parece tener una explicación. Y es que la mente y la conducta la experimentamos todos y, por ende, es fácil que todos elaboremos una explicación acerca de lo que vivimos, sentimos y experimentamos. A pesar de ello, si fuéramos coherentes con nuestro sentido del conocimiento, deberíamos ser capaces de reconocer que, del mismo modo que cada noche podemos ver y experimentar la belleza de un cielo estrellado sin que ello nos convierta en expertos en astronomía, el mero hecho de experimentar nuestra mente y comportamiento no nos convierte en expertos en ello.

Una de las grandes lecciones que personalmente me ha ido brindando el estudio del comportamiento humano desde una perspectiva clínica y neuropsicológica es que muchos elementos que forman parte de lo que explica la conducta humana resultan terriblemente paradójicos o muy alejados de lo que esperaríamos desde el sentido común. Este es un matiz importante, que quizás suceda por igual en otras áreas del conocimiento, pero lo desconozco, ya que no soy experto en otras cosas. Lo que sí resulta incuestionable es que cuando hablamos de conducta humana y de cerebro hacemos frente a algo extraordinariamente complejo y frágil que da forma a lo que somos a través de procesos que conocemos en mayor o en menor medida y que muchas veces adquieren un aspecto muy distinto al que esperaríamos. Por eso, cuando hacemos ciencia debemos despojarnos de toda idea preconcebida, asumiendo así como explicación válida no aquello que nos convence o parece más probable, sino aquello que el método resuelve como válido o evidente hasta que no encontremos una mejor explicación o nivel de evidencia.

Resulta sumamente curioso cómo este ejercicio de flexibilidad que rige el funcionamiento del método científico es precisamente lo que, desde el desconocimiento, muchas veces se considera que no hace la ciencia. De este modo, cuando intentamos aportar explicaciones científicas a determinados fenómenos, habitualmente nos encontramos con que se nos tacha de ser cerrados de mente. Precisamente, lo que hace el método científico es poner a prueba las distintas hipótesis o posibilidades por igual, empleando una metodología libre de manipulación por nuestra parte. En consecuencia, aquello que resuelve este método es lo que asumimos como más parecido o cercano a la verdad, y esto lo hacemos a pesar de que pudiéramos tener otras ideas preconcebidas muy firmes acerca de la explicación o fenómeno en estudio. La ciencia no se basa en creencias, sino en certezas. Por lo tanto, si algo caracteriza al método científico cuando se emplea bien, es la flexibilidad y, si algo somos los científicos, es abiertos de mente. Solo así nos podemos permitir el trágico lujo de descubrir que esos experimentos y trabajos dedicados a comprobar una hipótesis en la que creíamos firmemente resuelven que dicha hipótesis no era correcta y, en consecuencia, aceptar aquello en lo que no creíamos pero que parece ser lo más correcto. Por el contrario, en muchas ocasiones las posiciones que cuestionan lo que aporta la ciencia lo hacen desde una postura rígida y dogmática donde solo aquello que coincide con lo que uno ha preconcebido o con lo que uno cree que es cierto, incluso cuando no hay evidencia al respecto o cuando la evidencia va en contra. Me lo van a perdonar, pero eso sí, con todas las letras, es ser cerrado de mente.

Dejando esta reflexión al margen, por supuesto que las personas tenemos una libertad plena de la que nadie nos puede privar incluso cuando nos mantienen encarcelados. Esa es la libertad de pensar, de opinar, de experimentar o de construir en nuestra mente aquello que nos plazca. Por supuesto que sí. Lo que la ciencia afirme o niegue tiene que ver con la ciencia. Lo que alguien decida creer forma parte de su libertad individual y, por supuesto, las creencias, siempre que no supongan un daño a las personas, deben ser respetadas como parte de la pluralidad con la que se expresa la mente humana.

15

LA MAGIA CEREBRAL DE LA INTUICIÓN

Todas las personas en algún momento hemos experimentado esa sutil sensación difusa, más visceral quizás que estrictamente mental, que oscila entre la inquietud y la escucha de una voz interna que nos parece estar diciendo «mejor no hagas esto» o «adelante, todo va a salir bien». Este conglomerado de sensaciones que suele acompañar a formas más o menos elaboradas de toma de decisiones y que ocasionalmente ayudan a tomar una es lo que denominamos *intuición*. Técnicamente, la intuición se define como aquella habilidad para comprender, conocer o percibir algo de manera clara e inmediata sin la intervención de la razón. Pero, en esencia, el concepto lo empleamos para hacer referencia a estas sensaciones que antes describía y que parecen pretender incidir en las decisiones que tomamos como si algo supiera qué es lo mejor que deberíamos hacer.

Considerar la intuición como algo mágico implicaría dar por sentado que la vida que cada uno de nosotros experimenta ya está escrita de principio a fin y que, por lo tanto, las consecuencias derivadas de determinadas decisiones ya están igualmente predeterminadas. Por ello, cabría considerar también que la intuición es parte de un fenómeno mágico de anticipación a esas consecuencias ya predefinidas. El problema de esta posibilidad radica en que no tenemos ningún elemento que sustente científicamente que la vida y nuestro destino estén escritos en algún lugar. Pero lo que nadie puede cuestionar es que, en muchos casos, da la impresión de que aquellas decisiones que tomamos desde la intuición son buenas, ya sea porque nos sirven para evitar una consecuencia funesta o porque nos sirven para dar con el éxito. De todos modos, más adelante comentaremos algunos mecanismos psicológicos que pueden contribuir a la falsa percepción de que guiarse por la intuición habitualmente supone un beneficio. Pero, por ahora, nos centraremos en el hecho de que en ocasiones todos hemos guiado nuestras conductas por estas sensaciones y nos ha salido bien.

El entorno en el que vivimos impone la constante necesidad de tener que decidir entre varias opciones. Los procesos de toma de decisiones los desplegamos frente a situaciones en las que el riesgo es explícito, esto es, cuando conocemos la probabilidad de cuánto podemos ganar o perder si optamos por una determinada opción; frente a situaciones en las que el riesgo es desconocido, es decir, cuando desconocemos la probabilidad de que de una u otra decisión derive una u otra consecuencia, y frente a situaciones en las que no hay ningún tipo de ambigüedad y uno conoce perfectamente las consecuencias que derivan de una determinada decisión. Un ejemplo de toma de decisiones con riesgo explícito podría ser cuando en un juego de dados apostamos a un determinado número una determinada cantidad de dinero y lanzamos el dado. En este caso, sabemos perfectamente que, si sale el número que hemos elegido, ganaremos X cantidad, que, si no sale, la perderemos, y que tenemos la probabilidad de una entre seis de ganar y de cinco entre seis de perder. En el caso de las decisiones bajo riesgo desconocido o ambiguo, nos podemos imaginar decidir entre cuatro posibilidades a sabiendas de que podemos ganar o perder, sin saber ni cuánto podemos ganar o perder ni cuál de esas cuatro posibilidades conlleva mayor probabilidad de ganar o de perder. Finalmente, como ejemplo de decisiones en las que no hay duda sobre las consecuencias, podríamos considerar el hecho de encontrarnos cien euros en el suelo y decidir entregar cincuenta a la persona que nos acompaña.

Uno podría pensar que para cada uno de estos escenarios la mejor solución para tomar una decisión reside, en el caso del ser humano, en el uso de la razón y de la evaluación pormenorizada de los pros y de los contras. Pero sabemos que esto no sucede exactamente así y que, del mismo modo que los procesos que contribuyen a la percepción hacen que veamos un mundo distorsionado, los procesos que contribuyen al pensamiento también distorsionan la forma en que pensamos. Dicho de otra manera, al igual que existen ilusiones visuales, existe algo así como ilusiones del pensamiento que en el ámbito psicológico conocemos como *heurísticos* o *sesgos cognitivos*.

Los sesgos cognitivos son algo así como atajos que toman nuestros procesos mentales para facilitarnos la construcción del mundo en el que vivimos. Por ejemplo, si tuviéramos que decidir a quién queremos como líder del mundo (o como marido de nuestra hija) considerando las tres opciones que voy a presentar, ¿cuál nos resulta automáticamente más convincente?

- Opción A: ha sido asociado con políticos corruptos. Consulta a varios astrólogos. Ha tenido al menos dos amantes y golpeaba a una de ellas. Es fumador y bebe entre 8 y 10 martinis al día.
- Opción B: ha sido despedido en dos ocasiones de su trabajo. Duerme hasta el mediodía. Consumía opio en la universidad y todas las noches se toma una botella de *whisky*. Padece de obesidad y es conocido por su mal temperamento y agresividad.
- Opción C: es un héroe de guerra condecorado, es vegetariano, no fuma y toma cerveza ocasionalmente. No se

le conocen relaciones extramaritales. Respeta a las mujeres, ama a los animales y es muy reservado.

Evidentemente, de un modo involuntario, el candidato C nos parece el más adecuado. Esto sucede como consecuencia del sesgo que denominamos *efecto halo* y que, básicamente, define el proceso a través del cual la percepción de un rasgo general se ve influida por la percepción de determinados rasgos disponibles. Por lo tanto, si una persona nos parece atractiva, tendemos a otorgarle involuntariamente muchas más características favorables a pesar de que no disponemos de mucha información sobre esa persona. En este caso, la información disponible sobre el candidato C nos sirve para construir una opinión sobredimensionada de esta persona. Lamentablemente, la opción C corresponde a Adolf Hitler, mientras que la A y la B corresponden a Franklin Roosevelt y Winston Churchill respectivamente. Ahora consideremos el siguiente escenario: una persona tiene cien euros y le ofrece una determinada cantidad a usted. Si acepta esta cantidad ofertada, usted se queda dicha cantidad y el oferente la que le corresponde. *A priori*, el sentido común nos dice que, puesto que partimos de 0, cualquier cantidad que nos ofrezcan es buena y que, por lo tanto, aceptaríamos lo que fuera. Pero la realidad es que, en este escenario, conocido como *juego del ultimátum*, cuando las cantidades que se ofrecen se sitúan por debajo del 20 % del total se tienden a rechazar, lo cual significa que nadie se lleva nada. Si vamos a un restaurante elitista, extremadamente cuidado, con tres estrellas Michelin y tenemos mucha sed, el precio de cinco euros por una botellita de agua de 300 ml nos parece más justo que si con la misma sed nos ofrecen la misma botellita y por el mismo precio en una tienda de abarrotes cualquiera.

Pero existen otras formas de sesgo cognitivo que todos desplegamos sin querer y que influyen de un modo profundo no solo en nuestra forma de pensar y de decidir, sino también en nuestro modo de percibir y de comprender el mundo. Por ejemplo, el sesgo de confirmación, que nos hace tender a aceptar como válidas o correctas las explicaciones basadas en la información disponible cuando avalan lo que creíamos previamente, sobredimensionándolas en contra de explicaciones que, pese a disponer de evidencia, contradicen nuestras creencias. Un ejemplo de este tipo de sesgo lo vemos por parte de algunas personas defensoras de ciertas terapias alternativas cuya eficacia y evidencia ha sido constatada en una infinidad de ocasiones como nula. Pero para estas personas, su experiencia con un determinado producto milagroso fue buena, o conocen a un amigo que se lo dio a su hijo y se le curaron las anginas. En consecuencia, la ciencia podrá decir lo que quiera, «pero a mí me funcionó». En las campañas políticas, el sesgo de confirmación se emplea continuamente con el propósito de construir una verdad cimentada sobre algunos hechos, pero obviando todos los demás. Y, por supuesto, el negacionismo que experimentamos durante la pandemia se sustenta en este sesgo. Determinados sucesos aleatorios, por ejemplo, tras administrar las vacunas, se convirtieron en evidencia de su efecto negativo, obviando los millones de efectos beneficiosos que supusieron. Otro es el sesgo de supervivencia, que se hace patente cuanto dejamos de considerar dentro de la ecuación aquella información que no existe, dando lugar a que la explicación a X fenómeno la elaboremos teniendo en cuenta solo aquella información de la que disponemos y tendamos, además, a olvidar aquello que forma parte de la información no disponible. Un excepcional ejemplo de este sesgo lo ilustra la siguiente historia. Durante la Segunda Guerra Mundial se realizaron estudios detallados por parte de grupos de estrategas acerca de las zonas donde los aviones solían recibir más impactos con el propósito de reforzar estas zonas.

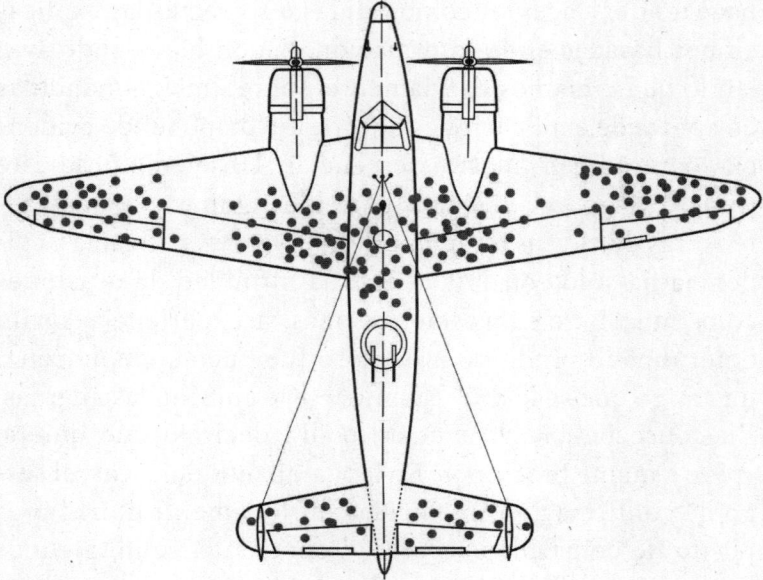

Esta figura muestra los puntos donde se encontraron más impactos de bala en los aviones que volvieron del campo de batalla.

Abraham Wald, un matemático de origen rumano, demostró que estos estrategas estaban aplicando un razonamiento completamente ilógico como consecuencia precisamente del sesgo de supervivencia. Los estudios que estos analistas hacían con relación a las zonas donde los aviones recibían más disparos los hacían precisamente en aviones que habían regresado del campo de batalla. Por lo tanto, esas zonas marcadas, aunque vulnerables al hecho de recibir impactos, no eran las que hacían a los aviones más susceptibles de ser derribados. Por el contrario, las zonas que no aparecían marcadas eran, en realidad, las que habían recibido impactos en los aviones que jamás regresaron y, por tanto, las que suponían mayor riesgo real de derribo.

Estos y muchos otros ejemplos de los sesgos cognitivos sirven para demostrar que una parte muy importante de cómo procesamos el mundo y cómo pensamos está profundamente distorsionada por mecanismos que escapan a nuestra razón o aparente lógica. El caso es que, a pesar de ello, el ser humano parece haber desarrollado un sistema de toma de decisiones bastante eficaz en cuanto a la velocidad con la que se despliega y las consecuencias que se derivan de él. Evidentemente, el ser humano es capaz de echar mano de múltiples recursos cuando debe hacer frente a determinadas decisiones, y no pretendo insinuar que nuestro sistema de toma de decisiones sea una marioneta en manos de múltiples sesgos cognitivos. Obviamente, no es así. Pero el estudio de la toma de decisiones por parte de la *neuropsicología* ha aportado algunas soluciones al problema que supone la certeza de que no procesamos el mundo aplicando siempre las reglas de la lógica o del sentido común que aparentemente caracterizan la conducta humana y que, a pesar de ello, no nos ha ido tan mal.

A finales de la década de 1990, un grupo de científicos compuesto entre otros por el excelente neurólogo Antonio Damasio y el neurocientífico Antoine Bechara realizó una serie de experimentos que supusieron un notable avance en la comprensión de algunos de los procesos que guían la toma de decisiones, así como en la comprensión de los mecanismos neurobiológicos que podrían sustentar la intuición.

Estos científicos diseñaron una tarea de apuestas conocida como la *Iowa gambling task* (IGT), que básicamente consistía en presentar a los sujetos experimentales cuatro cartas boca abajo y pedirles que optaran por una de ellas a lo largo de cien elecciones consecutivas. Antes de que empezaran la tarea, se les informaba que algunas de las cartas podían conllevar ganancias, pérdidas o ganancias seguidas de pérdidas. Posteriormente, se les instaba a empezar, no sin antes animarlos a intentar ganar tanto dinero como fuera posible. Durante el experimento, los investigadores realizaban un registro continuo de la actividad electrodérmica. Este tipo de señal básicamente recoge oscilaciones en las propiedades eléctricas de la piel como consecuencia del sudor. Dado que pequeñas variaciones en la sudoración se asocian a determinadas respuestas emocionales, la actividad electrodérmica es una medida neurofisiológica objetiva de la activación emocional que se da ante un determinado evento.

La estructura de la IGT hacía difícil de prever y aprender cuándo se obtendrían determinadas ganancias o pérdidas, pero la tarea estaba diseñada de modo que dos de las cartas, a pesar de suponer ganancias a corto plazo de mayores cantidades de dinero, finalmente tendiesen a conllevar pérdidas mucho mayores. Por el contrario, las otras dos cartas comportaban pequeñas ganancias inmediatas pero pocas pérdidas, de modo que a largo plazo eran mucho más ventajosas, puesto que suponían unas ganancias mayores.

A lo largo de la tarea, los sujetos tendían a evitar cada vez más la elección de las cartas de mayor riesgo. En concreto, al principio los sujetos elegían las cartas de un modo totalmente aleatorio. Posteriormente, tendían a elegir las cartas que suponían mayores ganancias, pero rápidamente empezaban a evitarlas; primero, inmediatamente tras pérdidas importantes, pero posteriormente las evitaban siempre. De modo que, sin ser plenamente consciente de ello ni de por qué lo hacían, los sujetos aprendían a evitar decisiones que suponían un mayor riesgo. Pero lo extraordinario de este experimento es que antes de que empezaran a modificar su patrón de elección de cartas hacia las más seguras, su actividad electrodérmica mostraba notables oscilaciones justo en el instante previo a la elección de una carta de riesgo. Ello significa que, sin que los sujetos fueran conscientes de ello y antes de que hubieran «aprendido» a evitar esas cartas, algo ya anticipaba que la jugada podía salir mal y ello se traducía en esos cambios electrodérmicos.

Este mismo experimento fue replicado con pacientes que padecían algún tipo de lesión a nivel prefrontal, especialmente en regiones que sabemos que contribuyen notablemente a la integración de la información visceral y emocional. Estos pacientes, como ya hemos comentado, se caracterizan por exhibir un patrón de conductas impulsivas e irreflexivas que en la vida diaria se reflejan en una constante toma de decisiones absurda. Curiosamente, estos pacientes nunca aprendieron a ejecutar correctamente la tarea, tendiendo a elegir siempre las cartas más arriesgadas a pesar de mostrar los mismos cambios en la actividad electrodérmica. Por el contrario, cuando el experimento se replicó con pacientes con lesiones en la amígdala, estos nunca presentaron cambios en la actividad electrodérmica y mostraron un patrón de ejecución de la tarea donde parecía que no aprendieran ni de las ganancias ni de las pérdidas.

Todo ello sirvió para que estos investigadores desarrollaran lo que denominaron *hipótesis del marcador somático*. Esta idea básicamente argumenta que en la ambigüedad o el riesgo y en el marco de las interferencias mediadas por los sesgos los procesos de toma de decisiones se nutren de un proceso adicional que condiciona profundamente el modo como nos comportamos y decidimos: las emociones. Desde la perspectiva de la hipótesis del marcador somático, se asume que los marcadores somáticos son sensaciones internas (por ejemplo, tasa cardiaca, sudoración, sensaciones estomacales, etcétera) que se encuentran fuertemente relacionadas con determinadas emociones y que los procesos de toma de decisiones, de algún modo, se nutren de estas sensaciones para propiciar una determinada elección. En este contexto, tanto la amígdala como la corteza prefrontal ventromedial jugarían un papel esencial en el procesamiento de estas señales y, por ello, las disfunciones en estos sistemas cerebrales darían lugar a anomalías en los procesos de toma de decisiones.

Hacer frente a escenarios complejos donde se requiere tomar una decisión supone un desgaste y una saturación de los sistemas cognitivos que no se resuelve a través del despliegue de la razón. Sabemos que las experiencias previas juegan un papel esencial en la construcción del valor de los incentivos que derivan de nuestras acciones. De este modo, cuando debemos tomar una decisión, computamos la probabilidad de obtener un determinado beneficio, y esta probabilidad se estima al alza cuando previamente una decisión similar supuso un beneficio. El problema es que existen múltiples escenarios en los que la ambigüedad o complejidad es tal que este sistema de anticipación de los incentivos no consigue anticipar nada. Es en estos casos donde se hipotetiza que los marcadores somáticos juegan un papel esencial con el propósito de guiar los procesos de toma de decisiones, sin que lleguemos a ser conscientes de que estas pequeñas señales o sensaciones internas estén sucediendo y mucho menos de que estén modulando aquello que decidimos.

Como hemos dicho, las emociones han jugado un papel esencial en nuestra supervivencia y por ello el cerebro prioriza todo aquello que tiene un componente emocional. Imaginémonos ahora que vamos caminando por una calle de noche y vemos a lo lejos una silueta. Inicialmente, podríamos pensar que es alguien paseando, pero, de pronto, algo nos genera mala espina y, aunque nos decimos internamente «no te inventes películas», en algún momento preferimos cambiar de dirección y evitar a esa persona. Hemos tenido una intuición, sí, pero ¿sobre qué elementos se ha construido esta intuición? Esos sistemas que analizan el mundo y que lo dotan de significado de los que ya he hablado, sistemas que a su vez recurren a nuestro conocimiento previo y que, antes de que hayamos reconocido explícitamente lo que vemos, son capaces de facilitar una respuesta emocional, quizás han detectado elementos en la postura, en el caminar o gestos que han puesto en funcionamiento la respuesta emocional. Nosotros no nos hemos dado cuenta conscientemente de este análisis, pero este sistema lo ha hecho. Quizás ha fundamentado la alerta en conocimientos previos relativos a que una vez nos contaron que en esta calle atracaron a alguien, quizás lo ha hecho en función de la familiaridad que la escena suponía con algo que vimos en el televisor; da igual, pueden ser infinidad de motivos. Pero cuando estos sistemas han reaccionado ante esta situación se habrán desencadenado una serie de respuestas fisiológicas relacionadas con la activación emocional. Desde la perspectiva del marcador somático, estas señales habrán guiado fuera de nuestra voluntad la construcción de la decisión de tomar otra dirección y nosotros lo habremos vivido como una intuición.

Otro ejemplo más banal que se suele emplear para mostrar cómo los marcadores somáticos podrían dar lugar a la intuición sería el siguiente: imaginémonos que estamos buscando un lugar para cenar y que nos encontramos delante de dos restaurantes que parecen opciones adecuadas. Imaginémonos que tienen menús parecidos, con precios similares, y que no terminamos de decidirnos por uno u otro, pero, de pronto, algo nos dice «mejor ese» y optamos por uno de ellos. En efecto, en esta situación habríamos tomado una decisión guiada por una sensación interna, una intuición. Pero nuevamente esta sensación interna difícilmente se estaría construyendo sobre el supuesto de que algo ha accedido a la historia de nuestro destino y al fatal desenlace que hubiera implicado optar por el otro restaurante.

Por el contrario, lo más probable es que esos sistemas que supervisan y analizan el mundo que nos rodea hubieran detectado en la iluminación, disposición, personas en el interior o a través de cualquier elemento algo que, acorde a nuestro conocimiento previo, hubiera desencadenado una mínima respuesta emocional frente a una de las opciones y que nuestro sistema de toma de decisiones hubiera empleado estas señales para nutrir o guiar un proceso que se encontraba estancado.

Por lo tanto, las corazonadas, tanto para cosas buenas como para cosas malas, desde una perspectiva neurocientífica son, en realidad, la consecuencia del análisis que, por debajo de nuestro nivel de la consciencia, realizan determinados procesos cognitivos con las señales que nuestro cuerpo manda a nuestro cerebro en respuesta a una activación emocional. Así que sí, en cierto modo, las mejores decisiones las tomamos, en parte, con el corazón.

16

LAS PREDICCIONES DEL FUTURO

Una tarde cualquiera de un día cualquiera, estoy paseando por una calle cualquiera de Barcelona. Inmerso en mis pensamientos, voy divagando entre ideas más o menos conectadas, pasando por un viaje que hice hace poco, pensando en algunas cosas que tengo que hacer dentro de pocas semanas, recordando una noche divertida que pasé con unos amigos y entonces, precisamente pensando en alguno de estos momentos, alguien me viene a la cabeza. Hacía tiempo que no pensaba en esta persona, o eso creo. Pero el caso es que ahora pienso: «¿Qué andará haciendo Daniel?»

A los pocos minutos, al cruzar una esquina cualquiera, oigo mi nombre viniendo del otro lado de la calle y *pam*, ahí está, es Daniel. Hacía quizás tres años que no lo veía y que no sabía de él y justo hace pocos minutos que he pensado en él y ha aparecido.

Esta situación la hemos vivido todas las personas. En ocasiones, después de pensar en alguien, nos hemos encontrado con esta persona o nos ha llamado, convirtiendo espontáneamente ese pensamiento que tuvimos en una premonición, una predicción del futuro.

Hay muchas personas que afirman haber vivido estas y otras formas de premonición, siendo algunas de ellas especialmente espectaculares por las consecuencias que acarrearon. Me refiero a esas personas que decidieron no subir a un avión que posteriormente se estrelló, aquellas que pensaron o soñaron con un terrible accidente y al día siguiente algo horrible sucedió y, por supuesto, esas personas que de algún modo anticiparon la muerte de alguien.

¿Son estas situaciones premoniciones reales? ¿Reflejan la existencia de un destino ya escrito y cómo eventualmente accedemos de un modo mágico al futuro? Supongo que considerar estas posibilidades es un acto fundamentado en la fe o en el acto libre de creer, tan respetable y tan esencialmente humano como lo son muchas otras formas de creencias. Una vez más, desde mi posicionamiento científico, ni niego ni cuestiono alternativas para las cuales no tenemos respuestas o explicaciones, pero por supuesto antepongo a estas posibilidades mágicas aquello que nos ha permitido explicar el razonamiento científico y el conocimiento acerca de estos sucesos.

El ser humano es especialmente malo incorporando a su razonamiento el sentido real de la probabilidad o de la estadística. A pesar de que, cada vez que lanzamos una moneda al aire la probabilidad de que salga cara o cruz es la misma, si por mero azar sale cara tres veces seguidas, es casi inevitable pensar que es más probable que en la siguiente tirada salga cruz, cuando la realidad es que la probabilidad volverá a ser la misma. Algo muy similar ocurre en el mundo de las apuestas, cuando, por ejemplo, en el juego de la ruleta salen varias veces números rojos o pares. Cuando las personas compran un billete de lotería, por supuesto que desconocen, o que en gran medida no incorporan a la construcción de sus posibilidades, la realidad última respecto a la probabilidad de que su número resulte premiado. Eso no significa que se trate de sucesos imposibles. Todo lo contrario, significa que la estadística o la probabilidad son terriblemente caprichosas y que, básicamente, la probabilidad de que pueda suceder algo aparentemente imposible estadísticamente existe. El problema es que los procesos cerebrales tienden siempre a buscar patrones o cierta causalidad entre todo aquello que sucede. Dicho de otro modo, lo aleatorio o inexplicable como consecuencia de una determinada causa es difícilmente digerible por nuestro sistema nervioso.

Las personas construimos una constante cascada de ideas que esencialmente fluyen en forma de pensamientos a los cuales atendemos durante pequeños instantes y que rápidamente se desvanecen. Si le preguntáramos a una persona qué ha pensado a lo largo de toda una mañana, posiblemente solo sería capaz de recordar algunos pensamientos muy específicos, pero en gran medida no podría recordar con qué ha ocupado sus ideas. Esto sucede como consecuencia de algo que ya conté al inicio de este libro, cuando hablé del papel que juegan la atención y la profundidad del procesamiento de la información en la formación de nuevos recuerdos. De este modo, igual que muchos de los estímulos que impactan contra nuestros órganos sensoriales a lo largo de un día nunca llegarán a ser un recuerdo, lo mismo sucede con muchas de las cosas que pensamos. Esto tiene una consecuencia muy obvia, pero que vale la pena resaltar. Y es que aquello que no aprendemos y que nunca será un recuerdo no va a existir en nuestra mente cuando lo vayamos a buscar. ¿Y esto qué papel juega en el mundo de las premoniciones? Pues juega un papel fundamental, atendiendo a algo que ya he comentado y que conocemos como sesgo de confirmación y sesgo de supervivencia.

Las personas, involuntariamente, tendemos a considerar como más probable o veraz aquello que encaja con nuestro sistema de creencias y, paralelamente, tendemos a prestar atención a aquello que coincide con un evento esperado y a recordarlo. Esto básicamente significa que la posibilidad de que una persona haya pensado en un accidente aéreo unas tres mil veces a lo largo de los últimos años es muy alta y que la posibilidad de que estos pensamientos, igual que muchos otros, no se convirtieran en un recuerdo es igualmente alta. Lo que sucede es que, si en alguna de las ocasiones en que se pensó en un accidente aéreo, por puro azar, hubo un accidente aéreo al poco tiempo de haber tenido esa idea, sueño o pensamiento, este suceso ganó una relevancia distinta, promoviendo que se procesara y almacenara de un modo totalmente diferente a como lo hacemos con otras ideas. En consecuencia, la experiencia que tendría la persona es la de haber pensado en un accidente aéreo y que posteriormente hubiera sucedido el accidente. Por el contrario, la experiencia que no tendría la persona es la de haber pensado otras 2999 veces en un accidente aéreo y que no hubiera sucedido nada. Este mismo mecanismo se aplica a una infinidad de aparentes premoniciones, incluyendo, por ejemplo, las que tienen que ver con «pensé en alguien y de pronto apareció», puesto que es más que probable que, en realidad, hayamos pensado muchas otras veces en esta y en otras personas que nunca aparecieron, pero que simplemente olvidáramos esos pensamientos.

Además, la personalidad juega también un papel importante en el significado que atribuimos a este tipo de experiencias. Dentro de la más absoluta normalidad, resulta evidente que las personas somos distintas por algo que va más allá de nuestras experiencias vitales y que tiene mucho que ver con cómo nuestra biología ha configurado una parte importante de nuestra personalidad. De este modo, con independencia de la educación recibida, la edad o el contexto, hay personas más o menos creyentes, personas más introvertidas, personas que tienden a buscar de un modo más continuo experiencias novedosas, otras que prefieren la calma y, por supuesto, personas que muestran una mayor tendencia a considerar como probables sucesos que tienen ciertos matices sobrenaturales. Cuando se ha estudiado a personas con rasgos de personalidad que las hacen más proclives a considerar explicaciones mágicas junto con otras con rasgos de personalidad que las alejan de este tipo de posibilidades y se las ha sometido a ambas a paradigmas experimentales en los que se dan eventos no relacionados entre sí o que no siguen ninguna lógica, las personas del primer grupo tienden involuntariamente a encontrar con mucha más facilidad aparentes patrones inexistentes que consideran que preceden la aparición de uno u otro fenómeno a lo largo del experimento.

Hace algunos años diseñamos un estudio que realizamos empleando técnicas de resonancia magnética funcional para estudiar determinados procesos relacionados con el aprendizaje en personas con enfermedad de Parkinson. Para ello planteamos una tarea de apuestas muy rudimentaria que exigía a los participantes elegir una entre dos opciones a lo largo de más de 500 tiradas y observar en el cerebro las consecuencias derivadas de su elección en forma de ganancias o de pérdidas. Recuerdo perfectamente que era relativamente habitual que una parte de los participantes, al terminar el experimento, me explicaran esbozando una orgullosa sonrisa que habían entendido el mecanismo o lógica de la tarea. Yo nunca les cuestioné esa sensación, pero la realidad es que esa tarea estaba diseñada de tal modo que las consecuencias de las decisiones que tomaban los participantes eran totalmente aleatorias e imposibles de predecir, ni siquiera por parte de los que la habíamos planteado. A pesar de ello, muchos participantes encontraban patrones o creían poder anticipar lo que sucedería al sentir que habían entendido esos patrones inexistentes.

Pero hace más años aún viví una experiencia que me hizo pensar mucho acerca de otros mecanismos que podrían jugar un papel relevante en la premonición o clarividencia y que, como veremos, tienen bastante que ver con lo que esbozamos en el capítulo anterior cuando introduje el concepto de marcadores somáticos.

Yo tendría unos diecinueve años y aún vivía en casa de mis padres. Era una casa alejada del centro de la ciudad cuya parte posterior quedaba totalmente expuesta a una zona boscosa que delimitaba el inicio de lo que, pocos kilómetros más allá, se conoce como Les Gavarres, una extensa formación montañosa que transcurre entre Girona y el Baix Empordà. Llevaba varias horas acostado en el sofá de la sala y estar maldiciendo el malestar que me provocaba estar con gripe y con fiebre, pero era incapaz de seguir mirando un minuto más el televisor, así que me di la vuelta y me dediqué a observar el jardín de mis padres y los árboles del exterior a través de unos grandes ventanales.

Mi madre, que es una persona que entre muchas otras virtudes se caracteriza por ser terriblemente resolutiva, tranquila y con una inmensa capacidad para relativizarlo todo y para no ponerse nerviosa, llevaba varias horas intranquila, algo que me hizo saber cuándo volvió de pasear a Becquer, un precioso *golden retriever* que teníamos en esa época. Obviamente, como buen hijo en estado de profunda enfermedad, no le hice ningún caso. A las pocas horas recuerdo que, mirando embobado a través de los ventanales, empecé a ver unos pequeños destellos de luz flotando al otro lado del cristal. Entonces, la primera idea que me vino a la cabeza fue: «Rayos... realmente tienes mucha fiebre...

estás viendo cosas raras». Era un fenómeno realmente peculiar, más aún visto desde los ojos de alguien con 39° de fiebre. Primero fueron esos pequeños destellos, pero a los pocos minutos eran múltiples bolitas de luz flotando por el jardín mientras todo empezaba a adquirir una tonalidad rojiza muy peculiar. No mucho más tarde empezamos a oír sirenas y el sonido de un helicóptero, y a los pocos minutos, para dotar aún más de surrealismo a la escena, vi como poco a poco ese helicóptero iba descendiendo hasta situarse a pocos metros de la piscina para empezar a recoger agua con una manguera. Entonces lo entendí: era un incendio.

Salimos de casa a instancias de los equipos de bomberos que acababan de llegar y pudimos ver, como nunca había visto ni he vuelto a ver, el tamaño de las inmensas llamas que, con un ruido indescriptible de fuego y destrucción, en cuestión de segundos iban devorando los árboles que rodeaban la casa de mis padres. Estábamos viviendo uno de los peores incendios que hayan azotado esas montañas. El fuego se había iniciado pocas horas antes a varios kilómetros de nuestra casa, arrasando con todo y llegando a cruzar una autopista y varias carreteras que separan las montañas de la zona urbanizada donde vivíamos.

Ni yo ni mis padres ni los vecinos supimos del incendio hasta que los bomberos nos hicieron salir de nuestras casas, aunque el fuego llevaba varias horas arrasando la montaña y acercándose peligrosamente.

Una de las primeras experiencias llamativas que viví fue cuando, al salir de nuestras casas, me di cuenta de que la fiebre y en gran medida el malestar asociado a mi gripe habían desaparecido. La naturaleza es sabia, o al menos es lo que es como resultado de un proceso evolutivo fascinante. Así que entiendo que, en la naturaleza, en peligro, estar a 39° de fiebre tapadito dentro de la cama mientras todo arde a tu alrededor resultaría tan adaptativo como nadar entre tiburones blancos tras lanzar toneladas de carne picada al mar. Pero esta anécdota es menos relevante que la que tiene que ver con la inquietud que mi madre llevaba horas sintiendo. De hecho, fue ella misma quien de pronto le encontró todo el sentido del mundo y afirmó: «Ahora entiendo por qué llevaba varias horas así. Supongo que de algún modo mi cuerpo ya había notado el incendio».

Los eventos naturales catastróficos han jugado un papel más que evidente a lo largo de nuestra existencia y de la de otros seres vivos. Así, algunos animales han desarrollado habilidades muy precisas para detectar situaciones que suceden por debajo de los umbrales con los que trabajan nuestros sistemas perceptivos, permitiéndoles notar el inicio de un terremoto, de un incendio o una gran inundación mucho antes de que nosotros lo hayamos hecho. Estos animales no anticipan el futuro cuando escapan varios minutos antes de que la tierra empiece a temblar. Simplemente, perciben sutiles temblores o determinados gases que emanan por las grietas de la tierra que nosotros no podemos percibir. No tiene nada de mágico, pero sí mucho de biológico.

Me gusta pensar que, en el caso anecdótico aunque bastante paradigmático del incendio de mi casa, múltiples señales que no alcanzaron el nivel de la consciencia estaban siendo procesadas en el cerebro de mi madre por parte de estructuras primitivas y altamente preservadas entre especies en lo relativo al procesamiento de estímulos potencialmente peligrosos. Atendiendo a todo lo que sabemos de nuestros sistemas sensoriales y de su relación con determinadas estructuras del sistema límbico que juegan un papel central en la alerta, el miedo, la lucha y la huida, resulta totalmente plausible considerar que en este caso quizás el olor a fuego, quizás el tono que empezó a adquirir el color del cielo, algo llevaba ya horas poniendo en alerta a mi madre sin que estas señales llegaran a elaborarse como para adquirir un significado específico. ¿Por qué ella lo sintió y yo no? No lo sé, quizás sea otro de esos superpoderes que tienen las madres. Pero, básicamente, creo que su cerebro detectó el fuego y la puso en alerta. De este modo, pienso que es absolutamente razonable considerar que detrás de algunos eventos aparentemente premonitorios existe una explicación racional fundamentada en el papel que juega el procesamiento preconsciente de ciertos estímulos por parte de estructuras cerebrales primitivas.

Finalmente, hay otro mecanismo a tener en cuenta cuando hablamos de premoniciones y que, como veremos, forma parte igualmente del elemento central en torno al cual se construyen otras experiencias extrañas. En realidad, este mecanismo ya ha sido en gran parte comentado en un capítulo anterior, puesto que no hablo de otra cosa que de la facilidad con la que distorsionamos nuestros recuerdos.

Las experiencias que tenemos y que de algún modo almacenamos se acompañan no solo de imágenes, de personas o de lugares, sino también de información relativa al tiempo, esto es, cuándo sucedieron. La susceptibilidad inherente a los recuerdos de verse de algún modo transformados afecta no solo a su contenido, sino también a cualquier elemento que sea parte de lo que denominamos recuerdo. De este modo, aunque nos parezca imposible puesto que confiamos en nuestras experiencias, resulta relativamente fácil que, con el tiempo, recordemos una secuencia de eventos en un orden distinto a como sucedió.

Si casualmente me encuentro a Daniel y luego pienso en él, esta secuencia de eventos temporales es muy distinta a la que sería pensar en Daniel y luego encontrármelo. El recuerdo de sucesos premonitorios, al menos algunos de ellos, puede explicarse como consecuencia de que no somos capaces de percibir el fallo o reconstrucción de nuestra memoria, puesto que experimentamos nuestros recuerdos como una verdad absoluta. Por lo tanto, cuando por los caprichos de las distorsiones de la memoria alteramos involuntariamente el orden cronológico de dos eventos relacionados, es fácil que, *a posteriori*, experimentemos como premonición un recuerdo cuyo orden se ha visto alterado.

Pero las distorsiones de la memoria pueden jugar un papel mucho más espectacular en la construcción de experiencias premonitorias. Habitualmente, confiamos ciegamente en lo que vemos en nuestra mente como un recuerdo y es que «si lo recuerdo, lo he vivido». Lo que nos resulta muy difícil de aceptar es que, en ocasiones, no se trata solo que los procesos de reconstrucción de los recuerdos puedan distorsionar algunos elementos de estos, sino que, incluso, podemos haber incorporado como recuerdos sucesos o experiencias que nunca nos sucedieron como los experimentamos al recordarlos. Así, de un modo similar a como ejemplifiqué con el experimento de *La guerra de los fantasmas*, el paso del tiempo y la naturaleza reconstructiva del acto de recordar pueden propiciar que se transforme significativamente aquello que recordamos en pro de dotar de coherencia al contenido y estructura de nuestros recuerdos. Y es así como nos vemos obligados a aceptar que algunos de esos momentos que nos juramos a nosotros mismos que experimentamos como una premonición realmente nunca sucedieron del modo como los creemos recordar. Nuestras creencias en torno a estos fenómenos, nuestras expectativas o, incluso, las ganas que ocasionalmente podamos tener de contar algo espectacular pueden haber contribuido, y mucho, a ir transformando una historia que posiblemente nunca tuvo tantos elementos mágicos como lo que finalmente recordamos. Puede ser perfectamente plausible que una vez pensáramos en A o soñáramos A y pase A. Claro que sí, son sucesos que entran dentro de lo posible en cuanto a la probabilidad más improbable, igual que lo es ganar el primer premio de la lotería de Navidad. Pero algo muy distinto es lo que podemos haber ido haciendo involuntariamente con la experiencia vivida respecto a cómo la hemos ido contando, transformando, añadiéndole espectacularidad y distorsionándola sin llegar a ser conscientes de ello, para, finalmente, haber construido un relato totalmente distinto.

Y es que, en tanto que somos en gran medida aquello que recordamos, otorgamos a nuestros recuerdos un valor y una veracidad total. Algo que también puede ilustrarse con el caso denominado «imposible de recordar», donde conté la historia de una persona que, por una determinada afección médica, elaboró involuntariamente toda una cascada de recuerdos imposibles en torno a una serie de vivencias brutalmente traumáticas en su vida que, en realidad, nunca sucedieron. Pero en tanto que estaba en sus recuerdos, por ilógico que pareciera, esa persona no podía evitar experimentar que lo había vivido y que, por lo tanto, esa era su historia real. Por tanto, como he ido repitiendo a lo largo de este libro, los procesos cerebrales tienden a construir un relato desde donde dar coherencia a aquello que vemos, sentimos o recordamos. En este proceso de construcción de la coherencia entran en juego una infinidad de variables que incluyen las expectativas y nuestra forma de entender el mundo, y es por ello que ciertas experiencias, o sucesos que recordamos, han adquirido un determinado aspecto —por ejemplo, mágico— como consecuencia de lo que los procesos de construcción han considerado más coherente.

17

EL TÚNEL

La muerte es cotidiana, tan cotidiana como que miles de personas fallecen a diario y como que inevitablemente nosotros algún día también vamos a fallecer. La idea de que, de pronto y en el sentido más estricto del término, todo aquello que somos y que fuimos se termine y deje de existir nos resulta particularmente enigmática y sumamente difícil de aceptar, puesto que, en esencia, es una experiencia no solo inexplicable, sino totalmente inalcanzable hasta que llegamos a ella.

Morir y todo lo que ello lleva implícito ha motivado la construcción de una infinidad de posibilidades, muchas de las cuales se han nutrido de las múltiples formas de creencias que nos vienen acompañando desde que empezamos a ser humanos. Ello incluye la trascendencia, la reencarnación, la transmutación a otra forma en un plano distinto, el cielo o el infierno, así como también la más absoluta nada. Es evidente que al ser humano no le gusta pensar en su muerte ni en la vulnerabilidad inherente al ser. Ejemplo de ello es que, a pesar de que, si hacemos un mínimo ejercicio de reflexión sobre lo que somos y sobre probabilidades, resulta más que obvio que el futuro depara algo catastrófico para todos, no vivimos acorde a ello. De hecho, una de las lecciones más complejas que me ha proporcionado el trabajo que realizo no es otra que la de descubrir cómo reacciona un ser humano cuando se le da a conocer que pronto todo va a terminar.

Desconozco cómo decidiría vivir los últimos días de mi vida si descubriera que ya ha empezado la cuenta atrás. Pero la realidad es que, en efecto, la cuenta atrás ya empezó hace tiempo y que, a pesar de saberlo, no pienso en ello ni he modificado nada de mi manera de vivir.

Negarse a aceptar que tras la muerte llega la nada me parece una construcción o creencia absolutamente razonable atendiendo a que la muerte plantea un escenario que todos los seres vivos desconocemos, y, como consecuencia de ello, somos incapaces de asumir lo que resulta evidente. A pesar de esta fragilidad que nos define y de la invariable muerte que en algún momento conlleva la vida, no en pocos casos, especialmente gracias a los avances de la medicina, miles de personas han podido experimentar el acto de morir, en términos médicos, para posteriormente volver a la vida.

Muchas de las personas que han estado clínicamente muertas y que se han recuperado han podido narrar la experiencia vivida en primera persona a lo largo de los minutos en que se desarrolló el proceso de morir, el estar muerto y el proceso de volver a la vida. Me refiero, por ejemplo, a personas que en el contexto de un paro cardiorrespiratorio del que en algún momento fueron recuperadas, pudieron narrar el conjunto de experiencias que vivieron.

A este tipo de vivencias se les conoce como *experiencias cercanas a la muerte*. Han sido reportadas por parte de personas de distintas culturas, edades y creencias, asociando en algunos casos determinadas particularidades posiblemente mediadas por las creencias o expectativas de cada individuo, pero asociando también, en muchos casos, toda una serie de elementos universales o compartidos, muy similares entre personas que han vivido esta experiencia. Hablo evidentemente de una secuencia de sensaciones que posiblemente resulten familiares a los lectores cuando hablamos de experiencias cercanas a la muerte y que no son otras que una gran sensación de paz y de ausencia de dolor, la sensación e incluso visión de salir del cuerpo físico, la visión de un túnel de luz brillante, el encuentro con seres queridos fallecidos, la revisión de la vida o que la vida pase por delante de los ojos y la sensación de retorno al cuerpo físico al volver a la vida.

No existe ningún tipo de duda de que exponerse a una realidad tan compleja como la propia muerte y el regreso a la vida plantea un escenario de una intensidad y trascendencia extraordinarias. Pero, además, en caso de que este evento se vea acompañado de toda esta sucesión de experiencias extraordinarias, es impensable presuponer que ello no tenga un impacto dramático en las personas que lo experimentan, en sus creencias o en el sentido que le otorgan a la vida y a la muerte.

Evidentemente, las experiencias cercanas a la muerte configuran uno de los escenarios más espectaculares que el ser humano pueda vivir y, dadas las condiciones en las que se produce este fenómeno, resulta totalmente razonable que dichas experiencias hayan sido consideradas y se consideren como algo profundamente trascendental. De hecho, el posicionamiento científico en torno a ellas no debería entrar en cuestionar el significado que cada uno otorga a estas vivencias. Eso es algo que escapa a nuestra voluntad por comprender y que debemos respetar. Pero lo que sí resulta evidente es que la muerte es tan cotidiana y previsible que estudiar aquello que sucede durante el proceso de morir no representa algo demasiado difícil, atendiendo, precisamente, a que muchas de las personas que fallecen lo hacen en hospitales y de un modo relativamente predecible que permite estudiar una parte del proceso.

La ciencia se ha interesado por las experiencias cercanas a la muerte desde hace mucho tiempo, pero, evidentemente, tanto la observación de lo que sucede en el cerebro de las personas que fallecen como la comprensión de lo que significa definen necesidades que se han visto fuertemente condicionadas tanto por la disponibilidad de la tecnología adecuada como por el conocimiento acumulado en torno al sistema nervioso. En cualquier caso, si hacemos el ejercicio de despojarnos de los dramáticos matices que acompañan a las experiencias cercanas a la muerte y nos permitimos el lujo de considerar lo que puede suceder a nivel perceptivo cuando un cerebro empieza a morir antes de atribuirle un componente sobrenatural, se abre ante nuestros ojos una ventana de posibilidades.

No debemos olvidar, como he intentado explicar a lo largo de este libro, que, en gran medida, toda experiencia humana, incluyendo la que construimos del mundo externo y de nuestro mundo interno, requiere una compleja pero frágil organización de toda una serie de sistemas cerebrales. En el caso de las enfermedades del sistema nervioso o de las lesiones adquiridas, no nos impresiona que el daño de determinados territorios del cerebro desencadene una serie de síntomas muy similares entre las personas que lo padecen. En el caso de la neuropsicología de la vida cotidiana, quizás ahora estemos un poco más convencidos de que en esencia algunas experiencias son producto de la fragilidad de nuestro cerebro. Entonces, ¿qué le sugiere esto al lector cuando hablamos de experiencias cercanas a la muerte y de lo universal de las características que estas muestran?

Supongo que nos resulta relativamente fácil asumir que, a lo largo del neurodesarrollo, conforme el sistema nervioso se va configurando a sí mismo acorde al plan que guía nuestra biología y acorde al efecto mediado por el entorno, vamos adquiriendo la capacidad de experimentar diversos fenómenos que podrían parecer profundamente mágicos, como la percepción, la memoria, la comprensión o el razonamiento. De la misma manera que la vida va elaborando poco a poco un modelo exquisito de desarrollo y de optimización de las funciones del cerebro, la muerte, de un modo terriblemente rápido, frena en seco todo este proceso, pero en muchos casos la muerte no supone el cese inmediato de la actividad cerebral como si de apagar un televisor se tratara, sino que, cuando ya no hay un corazón latiendo ni oxígeno llegando al cerebro, la actividad de las neuronas va cesando poco a poco hasta que todo se termina.

Del mismo modo que múltiples formas de aberración de la función cerebral pueden desencadenar una infinidad de síntomas absolutamente espectaculares en el contexto de las enfermedades que conocemos, la progresiva desconexión del cerebro conforme vamos muriendo, sin duda, supone el inicio de una cascada de anomalías neuronales que, por supuesto, son capaces de evocar toda una serie de experiencias. En este contexto, resulta curioso que la mayor parte de experiencias cercanas a la muerte que se han reportado han sido en personas que padecieron un paro cardiorrespiratorio por un problema cardiaco, de ahogamiento o de ciertas enfermedades sistémicas. Pero, sin embargo, la frecuencia con la que se encuentran este tipo de experiencias en personas que presentaron un paro cardiorrespiratorio por un daño cerebral es infinitamente menor. Esta realidad, de entrada, sugiere que, para que la experiencia cercana a la muerte suceda tal y como se explica de manera prototípica, se requiere un cerebro relativamente íntegro. Como consecuencia de ello, en 1993, los investigadores T. Lempert, por un lado, y M. D. Cobcroft y C. Forsdick, por otro, estudiaron las experiencias cercanas a la muerte durante la inducción experimental de hipoxia cerebral y bajo determinadas formas de anestesia respectivamente. En ambos contextos experimentales, el 16 % de los sujetos refirieron haber tenido la experiencia de salir de su cuerpo y verse a sí mismos, el 35 % refirió una inmensa sensación de paz y de ausencia de dolor, el 17 % vio destellos luminosos, el 47 % refirió haber entrado a otro mundo, el 20 % se encontró con familiares y con desconocidos y el 8 % tuvo la visión del túnel.

Desgranando las experiencias cercanas a la muerte a través de un meticuloso análisis de la fenomenología que estas asocian, es evidente que, *grosso modo*, todas ellas se acompañan de distintos fenómenos de índole visuoperceptiva, vestibular y mnésica, que asocian muchas características con algunos fenómenos que hemos descrito a lo largo del libro y que, desde una perspectiva de la localización de la función cerebral, podríamos relacionar con regiones temporoparietales y occipitales del cerebro.

De hecho, a lo largo del tiempo se han venido realizando distintos estudios en los que se han empleado técnicas de registro neurofisiológico o de imagen cerebral para observar la secuencia de eventos que suceden conforme fallecemos. Estos estudios demuestran, como cabría esperar, que la muerte clínica tras un paro cardiorrespiratorio no se acompaña de un cese de la actividad cerebral inmediato, sino que esta va cesando a lo largo del tiempo siguiendo sorprendentemente un patrón o una trayectoria muy similar entre distintas personas. Recientemente, en 2023, un grupo de investigadores de la Universidad de Michigan publicó en la prestigiosa revista científica *PNAS* un trabajo extraordinario que llevaron a cabo estudiando la actividad neuroeléctrica de un total de cuatro individuos a lo largo del proceso de su muerte por fallo cardiaco una vez que se les retiró el soporte vital. Los resultados de su trabajo ilustraron de manera extremadamente consistente que, a diferencia de lo que cabría pensar, el proceso de muerte cerebral no se rige por una pérdida progresiva de la actividad neuronal, sino que se caracteriza por distintas etapas y que, durante algunas de ellas, el cerebro presenta un incremento muy notable de actividad, especialmente en un rango de frecuencia de ondas rápidas que conocemos como frecuencia *gamma*, a la par que muestra patrones de sincronización en otras bandas de frecuencias entre distintas regiones cerebrales, muy parecidas a las que observamos en la plena consciencia. Curiosamente, pero acorde a la lógica hipotetizada, las regiones hiperactivas durante estos procesos se encuentran en áreas temporoparietooccipitales, incluyendo estructuras íntimamente relacionadas con la memoria remota, con la percepción del cuerpo y del espacio o con la percepción de la profundidad, entre otras.

De este modo, sin entrar en detalles propios de la disección de las distintas regiones cerebrales que se han visto implicadas en las experiencias cercanas a la muerte, pero partiendo de todo aquello que sabemos que permiten estas regiones en cuanto a percepción del mundo externo, como en construcción de nuestro mundo imaginario interno, existe una coherencia neurológica en cuanto a la fenomenología que define estas experiencias y que permite razonar por qué se acompañan del tipo de visiones y de sensaciones que universalmente se han referido.

18

LOS HOMBRES LOBO

Cuando empecé a pensar en los temas que trataría en este libro, fui esbozando algo parecido a un índice formado por toda una serie de ideas que me venían a la cabeza. El capítulo 18 inicialmente no debía tener nada que ver con hombres lobo, sino con experiencias con extraterrestres, una temática, sin duda, también fascinante.

De hecho, a lo largo de los años cuarenta y cincuenta del siglo pasado, tras los supuestos eventos relativos al contacto con extraterrestres en Roswell, Nuevo México, se experimentó una explosión de casos de personas que afirmaban haber tenido algún tipo de contacto con extraterrestres, y actualmente cerca de 4000 estadounidenses refieren haber vivido una abducción por parte de alienígenas. Por ello, a pesar de no ser un fenómeno frecuente, la experiencia de haber sido abducido tampoco es algo extremadamente extraño. En consecuencia, este tipo de experiencias han sido objeto de estudio, permitiendo elaborar distintas explicaciones acerca de un fenómeno tan peculiar, incluyendo entre ellas las alucinaciones durante las parálisis del sueño, la epilepsia del lóbulo temporal, las distorsiones de la memoria, la sugestión y el papel de determinados rasgos de personalidad.

Este era un tema que inicialmente me parecía interesante y que decidí cambiar, en parte por casualidad, cuando prácticamente ya tenía el libro terminado. Durante el verano de 2023, cuando me encontraba realizando las últimas correcciones del manuscrito, asistí en Copenhague al congreso anual de la International Parkinson's Disease and other Movement Disorders Society. Como en otras ocasiones, el congreso organizó un evento muy esperado por parte de los asistentes que se denomina *video challenge* y que básicamente consiste en que se van presentando una serie de videos en torno a casos clínicos y un grupo de expertos compite para llegar a un diagnóstico que habitualmente es sumamente complejo.

Calculo que al inicio del *video challenge* nos encontrábamos en la sala plenaria del congreso cerca de 3000 personas, pendientes de los monitores y de las historias que empezarían a narrarse. Entonces llegó el primer reto, un caso breve que había sido registrado en la India. En las imágenes se podía ver a un hombre en una cama de hospital, con oxígeno, realizando con el cuerpo toda una serie de movimientos involuntarios, así como emitiendo un repertorio de vocalizaciones estereotipadas que sonaban de un modo similar al ladrido de un perro. Las vocalizaciones son otra forma de expresión de movimientos involuntarios que, en este caso, adquieren el aspecto de sonidos o de palabras que la persona realiza de manera repetida. De este modo, las vocalizaciones pueden adquirir la forma de gruñidos, de gritos, de palabras, de sílabas, etcétera. Pero en este caso recordaban vagamente los ladridos de un perro.

Entonces nos pusieron en contexto y nos explicaron que esa persona había sido mordida por un perro potencialmente portador del virus de la rabia y que el paciente no había recibido la vacuna contra la rabia. De modo que todo parecía indicar que la persona que veíamos en las imágenes había sido infectada por el virus de la rabia y que había empezado a manifestar algunos de los síntomas neurológicos que acompañan a esta enfermedad. Paralelamente, la aparente similitud de sus vocalizaciones con los ladridos de un perro parecía derivada de la tan variable forma que las vocalizaciones pueden adquirir.

En ese momento se instó a toda la audiencia a que levantaran la mano quienes consideraran que, en efecto, lo que estábamos viendo era una de las múltiples formas que las manifestaciones de la infección por el virus de la rabia pueden adoptar en los humanos. No fuimos pocos los que contemplamos esa opción. Pero entonces llegó el diagnóstico definitivo y era algo que nunca habíamos escuchado: rabiofobia.

En la India, que sepamos, más del 75 % de la población cree que la apariencia que adquiere la infección por el virus de la rabia en humanos consiste en que la persona, antes de fallecer por la enfermedad, empieza a comportarse como un perro. Dadas las condiciones sociosanitarias e higiénicas de la India, una proporción muy importante de sus habitantes viven expuestos a todo tipo de enfermedades sin contar con acceso a servicio médico o de prevención. Como consecuencia, muchas personas desarrollan un miedo atroz a la posibilidad de contraer alguna de las múltiples enfermedades a las que se exponen, como, por ejemplo, la rabia.

Los síntomas de la infección por el virus de la rabia en humanos incluyen en las fases iniciales un cuadro parecido al de la gripe, con fiebre, dolor articular, dolor de cabeza y malestar general. Conforme la enfermedad progresa, empiezan a aparecer manifestaciones neurológicas que incluyen confusión, agitación, delirios, conductas anormales, alucinaciones, insomnio y una muy peculiar hidrofobia que se hace evidente en forma de un espasmo involuntario cuando se expone al paciente al agua, por ejemplo, en un vaso. Lamentablemente, en la mayoría de los casos, tras un periodo de entre 2 y 10 días, la persona fallece.

Es bien sabido que el miedo a las enfermedades es capaz de provocar síntomas propios de nuestra forma de entender las enfermedades a las que tememos. Un ejemplo más que evidente de ello lo pudimos experimentar durante la pandemia provocada por el COVID-19 como consecuencia de la exposición continua que se hizo del conjunto de síntomas potencialmente complejos de esta enfermedad. Muchas personas, especialmente personal sanitario, que se exponían a personas infectadas por el COVID-19 desarrollaban de manera casi aguda toda una sintomatología de tipo respiratorio que en muchos casos aparecía tras un periodo de tiempo demasiado corto como para ser posible y que en muchos otros se daba en personas cuyo resultado negativo al COVID-19 posteriormente se confirmaba.

Parece sorprendente e impensable que el contexto psicológico pueda provocar manifestaciones estrictamente físicas, pero, en realidad, de un modo u otro, todos hemos experimentado este fascinante efecto, aunque de otra manera: en forma de efecto placebo.

El efecto placebo se refiere a tratamientos o procedimientos que no contienen ningún principio activo (por ejemplo, una pastilla de azúcar, una imposición de manos, una crema con un principio activo dirigido a otro mecanismo) pero que causan un efecto positivo en la persona que lo recibe. Como he ido describiendo en distintos apartados de este libro, el cerebro reproduce los escenarios más previsibles empleando la información disponible como un *a priori* y ello condiciona de manera significativa la percepción y la experiencia del mundo en el que vivimos. De un modo simple y resumido, en esencia, el efecto placebo es una consecuencia derivada de las expectativas que las personas desplegamos sobre un determinado proceso o tratamiento y como estas modulan la percepción que tenemos. Por ejemplo, en los hospitales solemos vivir una situación paradigmática en lo relativo al papel que las expectativas tienen sobre la percepción del dolor. Esta situación no es otra que la de tener enfrente a un robusto joven de quien debemos obtener una muestra de sangre y que esta persona refiera un inmenso malestar, mareo y dolor antes, durante y después del pinchazo. Esto es absolutamente normal y previsible, pero la situación sorprendente se da cuando este joven varón tiene todo el cuerpo tatuado. En este caso, el contexto «hospital» y el tipo de expectativas que lleva implícito promueven o anticipa una experiencia muy distinta al contexto estudio de tatuaje y ello llega a modular la percepción del dolor durante un procedimiento infinitamente menos doloroso que un tatuaje, como es obtener una muestra de sangre.

De un modo similar a cómo el efecto placebo y toda la arquitectura cerebral que lo permite modulan la experiencia de un determinado tratamiento, el contexto o las expectativas que construimos en torno a, por ejemplo, una eventual enfermedad pueden perfectamente modular la expresión de síntomas somáticos.

La máxima expresión de la somatización posiblemente la veamos en uno de los procesos más complejos que lleva acompañando a la historia de la medicina y de la neurología en particular desde hace siglos. En el cuadro titulado *Una lección clínica en la Salpêtrière*, de André Brouillet, se representa al neurólogo francés Jean-Martin Charcot ilustrando a una exquisita audiencia de estudiantes, entre los cuales se encuentran los doctores Joseph Babiński y

Gilles de la Tourette, a través del examen de la paciente Marie «Blanche» Wittmann, diagnosticada de lo que por aquel entonces se denominaba *histeria*.

Una lección clínica en la Salpêtrière (1887), de Pierre-André Brouillet.

Esta entidad conocida históricamente como histeria y que posteriormente ha ido recibiendo múltiples nombres —tales como *neurosis histérica, trastorno conversivo, síndrome de conversión somatoforme o trastorno de somatización compleja*— actualmente se conoce como *trastorno neurológico funcional*. Las características centrales de esta dolencia son que las personas afectadas, de un modo generalmente rápido, desarrollan uno o múltiples síntomas aparentemente neurológicos, que pueden adquirir el aspecto de trastornos perceptivos como una ceguera, movimientos y posturas anormales, parálisis, trastornos del habla, de la memoria y cognitivos en general, pero que no se acompañan de las anomalías cerebrales esperables en presencia de una enfermedad neurológica y que además se manifiestan y se acompañan de toda una serie de particularidades que distinguen a estos síntomas de los que encontramos en las enfermedades neurológicas. Por ejemplo, las personas con un trastorno neurológico funcional que presentan una aparente parálisis y posturas anormales de una parte del cuerpo habitualmente muestran una disminución o incluso desaparición del síntoma cuando se les distrae. Lo que resulta especialmente curioso en cuanto a esta afección es que no se debe confundir con lo que conocemos como trastornos ficticios o con otras formas de falsificación deliberada de los síntomas con el propósito de conseguir algún tipo de beneficio. De este modo, a diferencia de lo que se podría considerar como un acto deliberado de mentir, en los trastornos neurológicos funcionales el paciente que presenta los síntomas no reconoce estar simulando o provocándolos. Si bien conocemos parcialmente los mecanismos implicados en el desarrollo de estas manifestaciones, sabemos que muchos de los procesos que forman parte de lo que nos permite explicar el efecto placebo y el papel de las expectativas sobre la percepción, juegan igualmente un papel central en la expresión de estas enfermedades. De hecho, resulta muy curioso constatar que el aspecto que adquieren los síntomas en estas enfermedades no se corresponde con la realidad neurológica o médica, sino con el prototipo que la gente ha incorporado en su imaginario. De modo que, para hacernos una idea, un trastorno de la marcha en un paciente con un cuadro funcional es muy parecido al que cualquier persona a quien pidiéramos que teatralizara un trastorno de la marcha mostraría y lo mismo sucede, por ejemplo, con los trastornos de la memoria en estos cuadros funcionales, en los que se pierden los matices y particularidades que habitualmente vemos y se expresan terribles amnesias casi imposibles.

Lamentablemente, este conjunto de trastornos ha sido tan desconocido como menospreciado, incluso por parte del colectivo médico, siendo relativamente frecuente que las personas afectadas por este tipo de dolencias hayan sido tachadas de locas, exageradas o simuladoras, o simplemente no se les haya prestado atención. Por suerte, la neurología ha ido incorporando cada vez más a especialistas dedicados a estas enfermedades que han permitido estudiar las técnicas más eficaces con el propósito de tratarlas, siendo la fisioterapia y, especialmente, la terapia cognitivo-conductual algunas de las más eficaces.

En cualquier caso, muchos trastornos neurológicos funcionales se manifiestan tras un periodo de intenso estrés prolongado o tras verse el afectado expuesto a un acontecimiento dramático. Ejemplo de ello es lo que se conocía como *shell-shock* y que básicamente consiste en un tipo de temblor generalizado y alteración del movimiento que experimentaban muchos soldados durante la Primera Guerra Mundial cuando volvían del campo de batalla. Por ello, a lo largo de la historia se han empleado igualmente procedimientos intensos en un intento de paliar los síntomas que acompañan a estos trastornos y, en efecto, en algunas ocasiones realizar procedimientos espectaculares con el paciente promueve, cual efecto placebo, una mejora e incluso remisión espontánea de los síntomas.

¿Y qué tiene todo esto que ver con los hombres lobo? En parte, todo. Al inicio de este capítulo, hice referencia a un cuadro denominado *rabiofobia* con el que se definió el diagnóstico de ese joven de la India que había sido mordido por un perro. La idea detrás del concepto rabiofobia es que, de un modo similar a como sucedió en determinadas personas expuestas al miedo de ser contagiadas y de fallecer por el COVID-19, el miedo atroz cultural y socialmente justificable que muchas personas sienten en la India a ser mordidos por un perro y a poder desarrollar la rabia había hecho que, en el caso de este chico, se acompañara esa mordedura de perro de las manifestaciones culturalmente aceptadas por el 75 % de la población de la India, que no son otras que las que derivan de transformarse en perro. Dicho de otro modo, ese chico había desarrollado un cuadro neurológico funcional y, en efecto, lo mantenían con oxígeno en el hospital como forma de terapia habitual para estos cuadros, habiéndose confirmado que, en realidad, el chico no había sido contagiado con el virus de la rabia.

De hecho, la terminología más correcta para este tipo de manifestación es lo que se denomina cinantropía, como forma de manifestación de una *zoantropía* y que básicamente se refiere a la ideación delirante que una persona desarrolla en torno a haberse convertido en un perro, en el primer caso, o en cualquier otro animal, en el segundo. En este contexto, es cierto que los reportes médicos hacen referencia a que, en la mayoría de las ocasiones, este tipo de trastorno de la identificación surge en presencia de un trastorno delirante similar a los que previamente hemos referido como síndrome de Cotard. Pero escenarios como el del caso de la India ponen de manifiesto que la construcción de esta transformación puede suceder en ausencia de un cuadro delirante como manifestación de un trastorno neurológico funcional.

Curiosamente, uno de los cuadros de zoantropía más reiterados a lo largo de la historia de la humanidad es el que se conoce como *licantropía* y que, ahora sí, se refiere a la ideación delirante o, ahora ya lo sabemos, a la construcción en el marco de un trastorno neurológico funcional de haberse convertido en un lobo. De hecho, los fenómenos de licantropía y de cinantropía no solo han sido frecuentes a lo largo de nuestra historia, sino que, en una revisión sistemática realizada en 2021, se identificaron 43 casos reportados por parte de la comunidad médica tanto de transformación en perro como en hombre lobo, siendo las causas o las posibilidades más frecuentes la esquizofrenia, la depresión con sintomatología psicótica y el trastorno bipolar, y viéndose mejora al inicio de los tratamientos farmacológicos.

El peso que la cultura ejerce sobre el aspecto que adquieren determinados síntomas asociados a determinadas enfermedades puede ser extremadamente notable y sorprendentemente caprichoso. De hecho, la licantropía se supone que es parte del grupo de síntomas que denominamos «culturalmente delimitados», lo que significa que son síntomas que solo suelen aparecer en determinados contextos culturales como consecuencia de las creencias o de los miedos que se comparten. Por ejemplo, uno de los síntomas delirantes culturalmente delimitados más peculiares que conocemos es el que se denomina *síndrome de Koro* y que, de un modo muy evidente, se encuentra especialmente en Asia. Se caracteriza por tener la impresión de que el pene se está haciendo cada vez más corto y que se está introduciendo dentro de la barriga, conllevando un miedo atroz a fallecer por esta retracción del pene.

QUINTA PARTE

PEQUEÑAS CURIOSIDADES, MITOS Y VERDADES

El conocimiento acerca del sistema nervioso y cómo sus funciones contribuyen a la expresión de todo aquello que somos ha experimentado un avance espectacular a lo largo de los últimos tiempos. Quizás en lo que no hemos sido tan brillantes ha sido en la calidad con la que se ha hecho difusión del significado real de muchos de los avances que tienen que ver con este conocimiento. En paralelo, a lo largo de la última década, hemos experimentado también una notable explosión de todo aquello que tiene que ver con lo «neuro». Pero, lamentablemente, la mayor parte de las tendencias que se han construido bajo el prisma aparentemente científico de lo neuro han resultado ser simplemente pura charlatanería. Y es que en torno al cerebro y a sus funciones existe una infinidad de mitos, mentiras, modas y pésimas interpretaciones de lo que sabemos que, como consecuencia de ese famoso sesgo de confirmación del que he hablado, muchas personas consideran absolutas verdades y otras convierten en tremendos negocios.

Paradójicamente, a pesar de que hablar del cerebro signifique hablar de un sistema sumamente complejo, durante los últimos tiempos parece que prácticamente cualquiera pueda emplear terminología neurológica o neuropsicológica y aplicarla en el campo de la educación, el marketing, el *coaching,* la economía o la política e incluso nutrir determinadas pseudociencias, como la psiconeuroinmunología o determinadas ideas mal entendidas en lo relativo al funcionamiento del cerebro y de la mente humana.

De todo ello deriva que exista toda una serie de mitos frente a ciertas verdades que, junto con algunas curiosidades relativas a cómo funcionamos, me parecen relevantes o al menos interesantes como para dedicarles un capítulo.

19

USAMOS EL 10 % DEL CEREBRO

Uno de los mitos más extendidos sobre el funcionamiento y el conocimiento del cerebro humano es, sin duda, el que afirma que solo empleamos el 10 % de nuestra capacidad cerebral. Este mito no solo se asienta sobre el uso de una lamentable regla de la lógica más elemental, sino que, en el peor de los casos, ha servido para nutrir los negocios de una serie de expertos en potenciar estos cerebros que tenemos tan desaprovechados.

La realidad es que, en primera instancia, hay un motivo muy simple que sirve para justificar que la afirmación de que solo usamos el 10 o el 15 % del cerebro carece de toda lógica. Este motivo no es otro que el siguiente: para yo poder decir que soy más bajito que José, tengo que haber visto a José o al menos tengo que saber cuánto mido yo y cuánto mide él. Aplicando la misma lógica, uno debería ser capaz de entender fácilmente que, para poder afirmar que los seres humanos solo usamos el 10 % de nuestra capacidad cerebral, deberíamos contar con un cerebro que funcione al 100 % que sirviera de referencia, además de haber podido comprobar en múltiples casos que, en efecto, al comparar los cerebros de muchas personas con el de este ser superior que lo usa al 100 %, la diferencia resultante se sitúa en torno al 10 %. Obviamente, todo ello constituye una soberana estupidez.

El despliegue más eficiente de todo lo que podríamos considerar como capacidades cognitivas ni mucho menos depende del tamaño de las áreas cerebrales dedicadas a determinados procesos ni tampoco sucede como consecuencia de que se empleen unas u otras zonas del cerebro o de que estas se activen más. La función cerebral es continua, generalizada, aparentemente caótica pero exquisitamente organizada hagamos lo que hagamos, incluso mientras parece que no hacemos nada. Evidentemente, existen diferencias interindividuales en cuanto a la eficiencia y eficacia con la que se desarrollan algunos procesos cognitivos y en cuanto al modo en el que somos capaces de hacer frente a los retos que nos plantea la vida. Pero en ningún caso lo que determina nuestra habilidad cognitiva es que usemos más o menos cerebro, algo que implicaría que, en caso de liberar o de despertar o de estimular esos procesos cerebrales infrautilizados, adquiriríamos algo así como una supercognición.

De hecho, vale la pena destacar un ejemplo relevante que ilustra situaciones en las que, en efecto, un mayor uso del cerebro no refleja ningún tipo de superpoder. Las enfermedades neurodegenerativas son procesos habitualmente lentos a lo largo de los cuales, antes de que los síntomas más evidentes se hayan asentado, ya va sucediendo toda una cadena de cambios patológicos a nivel cerebral. Sorprendentemente, a pesar de que algunos de estos cambios puedan resultar evidentes, durante mucho tiempo los síntomas más obvios de estas enfermedades son invisibles, esto es, las personas siguen mostrando un rendimiento cognitivo aparentemente normal. Pero, cuando estudiamos la función cerebral de estas personas que ya están experimentando los primeros cambios de un proceso neurodegenerativo pero aún no muestran ni signos ni síntomas de enfermedad, podemos observar que durante la realización de determinadas tareas cognitivas que ejecutan igual de bien que personas sin ninguna enfermedad su cerebro dedica mucha más actividad. Es decir, el cerebro de estas personas necesita mucha más activación para poder realizar igual de bien una tarea. Algo similar sucede a lo largo del neurodesarrollo, cuando comparamos lo que sucede en el cerebro de los niños de distinta edad al ejecutar determinadas tareas. Cuando exponemos a niños de cuatro, siete, diez y doce años a una tarea en la que se requiere velocidad de respuesta, monitorización y control de inhibición, podemos observar cómo los niños más jóvenes desplieguen mucha más actividad neuronal que los mayores frente a la misma tarea. Dado que las regiones y procesos dedicados a hacer frente a las exigencias de la tarea que realizan aún no se han especializado, necesitan desplegar mucha más actividad. Por lo tanto, que un cerebro haga más cosas de las que aparentemente tocan ni mucho menos es sinónimo de «mejor».

20

EL CEREBRO DIABÓLICO DEL NIÑO Y DEL ADOLESCENTE

Tenemos la inmensa suerte de que observamos y entendemos a los niños como lo que son: niños. Si no lo hiciéramos así y sucumbiéramos sin más a las particularidades de su comportamiento, creo que todos asumiríamos que, en cierta medida, algunas de las conductas que observamos en los niños son propias de seres diabólicos. Evidentemente, esta afirmación la hago desde el humor, pero hay cierta verdad en ella, puesto que es incuestionable que muchas de las conductas que vemos en los niños y en los adolescentes desde la perspectiva de un adulto nos parecen tremendas. Pero ¿por qué son así?

La forma o apariencia que adquiere la conducta como consecuencia de aquello que la sustenta permite identificar en múltiples escenarios signos o características que fácilmente podemos reconocer como derivados de determinados procesos neurocognitivos o de determinadas funciones cerebrales. No estoy hablando de las variables que estos comportamientos precipitan en un determinado contexto ni obviamente de cómo el entorno los va moldeando, simplemente hago referencia al aspecto general que adquieren.

Los niños pequeños son terriblemente sinceros, aunque, más que sinceridad, posiblemente debamos considerar la posibilidad de que no anticipen las eventuales consecuencias de aquello que dicen, no estiman cuánto se puede ajustar a las reglas sociales aquello que van a decir ni son capaces de inferir cómo le podría sentar a una tercera persona ese comentario. En consecuencia, existen esos brillantes momentos en los que, al pasar al lado de una persona con sobrepeso o con unos rasgos particulares, el niño pequeño, mientras señala con la mayor y mejor extensión del brazo y dedo nunca vista, afirma gritando:

—¡Mamáááá! ¡Este señor es GORDOOOO!

(Se puede intercambiar gordo por feo o cualquier terrible adjetivo que no diríamos ni a nuestro peor enemigo).

Además de esta situación tan habitual, otro comportamiento relativamente frecuente son las explosiones de ira transitorias desencadenadas por hechos tan banales como cambiar de canal, no repetir una palabra que han dicho (y que no hemos entendido), no acceder a alguna de sus absolutamente necesarias y urgentes peticiones, nombrar la palabra «bañarse», así como un larguísimo etcétera.

Desde pequeños y a lo largo de la adolescencia irá apareciendo todo un repertorio de conductas que se podrán ir haciendo más complejas con el tiempo y que, básicamente, compartirán un nexo común: la temeridad o riesgo. Esto es, como si nada ni nadie estuviera contemplando las 3562 posibilidades distintas de hacerse daño que podrían ocurrir como consecuencia de la brillante idea que han tenido, a lo largo del desarrollo tendremos que hacer frente a funambulismo en el sofá con los correspondientes cantos de los muebles al lado, saltos desde las alturas, usos potencialmente mortales de cualquier tipo de artilugio de los parques infantiles, fuego/petardos (y todas sus posibilidades), lanzamiento de piedras a las cabezas, saltos desde alturas aún más altas, ingesta de objetos letales o tocamiento de enchufes, entre muchas otras. Para ponerle más gracia al asunto, la transición a la adolescencia no necesariamente se acompaña de una mejoría, sino de un cambio en el tipo de riesgos a asumir, de modo que tendremos la fortuna de descubrir el mundo de las fracturas, cortes, traumatismos y otros logros derivados de la bicicleta, las primeras temeridades en ciclomotor, las mentiras para realizar lo prohibido, el alcohol y otras sustancias, los amigos problemáticos, el consecuente meterse en problemas y otro largo etcétera.

A estas alturas del libro, teniendo en cuenta muchas de las cosas que he ido explicando, posiblemente los lectores hayan identificado en estas descripciones anecdóticas que acabo de hacer elementos que resultan similares a algunos de los puntos que se han tocado. Efectivamente, una parte muy importante de lo que caracteriza la conducta de los niños y de los adolescentes es que muestran continuos signos sugestivos de hipofrontalidad.

Las funciones frontales no solo definen los procesos neurocognitivos más complejos que conocemos en el reino animal ni los más propiamente humanos que existen, sino que, además, son las funciones que más tiempo tardamos en desplegar con plena eficiencia a lo largo del neurodesarrollo. El lóbulo frontal y todas las conexiones que mantiene con distintas regiones cerebrales no alcanzan la plena madurez hasta llegada la edad adulta. En contraposición, muchos otros procesos neurocognitivos y estructuras cerebrales ya son plenamente funcionales y eficientes a muy temprana edad. Como consecuencia de este componente madurativo de las funciones frontales, nos pasamos mucho tiempo manifestando conductas propias de un síndrome frontal a pequeña escala. De este modo, como buen síndrome frontal que caracteriza la infancia y la adolescencia, los procesos dedicados a anticipar y estimar riesgos, mentalizarse acerca de lo que piensa o siente el otro, controlar las emociones e inhibirse o tomar decisiones se encuentran profundamente infradesarrollados.

Alguien podría pensar en cuán cuestionablemente adaptativo resulta que los seres humanos mostremos todo este repertorio de conductas potencialmente dañinas durante tanto tiempo. Es así, pero en primer lugar existe un problema estrictamente mecánico. Los seres humanos pagamos un precio con el propósito de poder desarrollar un cerebro y unas capacidades neurocognitivas como las que llegamos a tener: nacemos tremendamente subdesarrollados, especialmente si nos comparamos con otros animales, puesto que resultaría mecánicamente inviable un parto con una cabeza del tamaño necesario para permitir un cerebro humano desarrollado.

Paralelamente, muchas de las funciones únicas que llegamos a desarrollar no dependen de algo inherente a nuestra biología, sino que surgen como consecuencia del efecto mediado por la exposición a un entorno. De este modo, nacer profundamente subdesarrollados implica necesariamente un modelo de crianza basado en la protección y en el afecto que incuestionablemente juega el papel crítico en la construcción de lo que somos. Además, muchas de las conductas temerarias que realizamos las vemos también en los cachorros de otras especies.

Estas conductas, más allá de ser arriesgadas, nos mueven a la exploración y, en consecuencia, promueven el aprendizaje a través del descubrimiento de refuerzos positivos y negativos que derivan de aquello que hacemos. Dicho de otro modo, si no naciéramos impulsivos y temerarios, si no tuviéramos esa capacidad de no anticipar ciertos riesgos, posiblemente seguiríamos siendo como especie algo parecido a un simio agarrado a las ramas de un árbol del que no se atreve a bajar por lo que podría pasar.

SOFÁ, PELI Y MANTA O VIAJE MOCHILERO AL EVEREST

Parece obvio que, en algún momento de la evolución, nuestros ancestros empezaron a desplegar algo así como una *motivación de búsqueda,* fuera esta secundaria a alguna necesidad específica, por ejemplo, alimento, o simplemente algo que empezó a suceder.

Sea como sea, los primeros homínidos comenzaron a desplazarse por un mundo inhóspito, alejándose cada vez más del lugar en que aparecieron los primeros indicios de humanidad y llegando progresivamente a conquistar todo el planeta, incluyendo regiones absolutamente remotas.

La tendencia a la búsqueda de la novedad y a la búsqueda de sensaciones es algo que se expresa de un modo significativamente heterogéneo entre las personas. Evidentemente, existe toda una serie de variables contextuales que a través de la experiencia contribuyen notablemente a moldear muchos de nuestros rasgos de personalidad. Pero, invariablemente, en gran medida ya nacemos con una notable predeterminación a muchos de los componentes que definirán las dimensiones de nuestra personalidad.

Dentro de esta heterogeneidad relativa a la personalidad humana, existen dos polos opuestos que, posiblemente por el sesgo derivado de mi forma de ser, siempre me llamaron profundamente la atención. Existen personas que alcanzan niveles de satisfacción máxima haciendo lo que podríamos simplificar como plan de «peli, sofá y manta», mientras que hay otro tipo de personas que son incapaces de plantearse como mínimamente satisfactorio este plan y que, por el contrario, tienden a hacer cosas diametralmente opuestas como escalar, esquiar, deportes de riesgo, etcétera. Evidentemente, que nadie se confunda, soy consciente de que a todos nos puede apetecer el plan tranquilo en determinados momentos y el plan esquí en otros. Pero no hablo de esto, sino del rasgo general y persistente en el tiempo que define y distingue la personalidad de muchas personas. Me refiero, por un lado, a esas personas que disfrutan de lo estable, previsible y tranquilo y, por otro, a esas que solo disfrutan de aventurarse en lo desconocido o arriesgado, de probar a ver qué pasa, de no pasar más de 15 minutos en casa, de haber vivido en 27 lugares distintos y haber tenido 18 empleos.

Sin pretender caer en una generalización ni determinismo absurdos basados en la genética, sí que disponemos de conocimiento relativo al papel que juegan ciertos genes que no podemos obviar cuando intentamos explicar algunas de las variables que contribuyen a la existencia y a la expresión de estas personalidades tan distintas.

Pero, antes, vale la pena hacer un breve hincapié, de manera muy resumida y superficial, sobre el papel que juega la dopamina en la motivación y en el aprendizaje. El cerebro en sí mismo no sabe nada y mucho menos distinguir lo que es bueno de lo que es malo. Pero el cerebro ha desarrollado sistemas que nos permiten procesar las consecuencias derivadas de aquello que hacemos y atribuirles un determinado valor hedónico. El mecanismo esencial que emplea el cerebro para codificar si algo es bueno o malo es un cambio en la actividad de ciertas neuronas dopaminérgicas de una estructura de nuestros ganglios basales que se denomina estriado ventral. Por ejemplo, cuando un animal tras pulsar una palanca recibe comida, se modifica la actividad de estas neuronas dopaminérgicas señalizando que esa comida es algo bueno. ¿Cómo sabemos que esto es así? Porque precisamente de esta actividad y de su amplitud depende la probabilidad de que el animal repita esa misma conducta en el futuro. Posteriormente, esta señal dopaminérgica ya no solo se emplea para codificar el valor de aquello que deriva de nuestra conducta, sino que se emplea para señalizar la expectativa a futuro. De este modo, cuando la rata aprende que al pulsar la palanca recibe comida, progresivamente empieza a mostrar la misma actividad dopaminérgica al pulsar la palanca, eso es, antes de recibir la comida. Paralelamente, una vez se ha construido esta relación esperable entre conducta y consecuencia, que suceda algo inesperadamente peor a lo esperable o que no suceda lo esperable deriva en otro tipo de actividad dopaminérgica que promueve el efecto contrario, es decir, que se deje de realizar esa conducta.

Muy *grosso modo*, existe una relación entre la magnitud de estas señales dopaminérgicas que surgen en respuesta a un estímulo o al anticipar un estímulo y la probabilidad de que una conducta se repita. Dicho de otro modo, aquello que implica mucha liberación de dopamina conlleva una mayor probabilidad de que se repita. ¿Qué cosas en nuestro contexto suponen mayor actividad dopaminérgica? El sexo, comer cuando tenemos hambre, las ganancias inesperadas, sobrevivir a un peligro o determinadas sustancias, como, por ejemplo, la cocaína.

Teniendo en cuenta que el cerebro ha empleado estas señales dopaminérgicas tan simples para considerar cuán bueno o malo es algo a lo largo de millones de años y teniendo en cuenta que la experiencia subjetiva que deriva de los cambios dopaminérgicos producidos al exponernos a un reforzador positivo es básicamente la experiencia de placer, es fácil entender algunos de los mecanismos centrales que explican las adicciones a determinadas sustancias y a determinados comportamientos. Dicho de otro modo, tras haber experimentado la liberación masiva de dopamina que supone el consumo de cocaína, es imposible explicarle al cerebro que eso es algo malo que no tiene que volver a hacer.

La motivación es esa energía interna que nos mueve a hacer algo, a conseguir un objetivo, y, en esencia, la dopamina es responsable de que una determinada idea o estímulo promueva conducta motivada. Por ello, simplificando terriblemente el fenómeno, uno de los procesos fisiológicos que harán que esta noche pida *sushi* a domicilio es que la idea de comer *sushi* ha supuesto estos cambios dopaminérgicos en mi estriado ventral, anticipando, además, que cuando llegue el *sushi* y lo coma habrá más dopamina.

Como si de algún tipo de sustancia adictiva se tratara, el cerebro humano tiende a habituarse a la experiencia dopaminérgica que suponen ciertas conductas, de modo que algo que nos podía resultar superexcitante al principio, deja de serlo y, entonces, necesitamos algo nuevo. Uno de los mecanismos fisiológicos que rigen esta habituación y la tendencia a buscar algo nuevo es el umbral a partir del cual el límite dopaminérgico se vuelve un reforzador. Por ejemplo, al principio un evento puede promover una actividad dopaminérgica, en un rango de 0 a 100, de 30 y eso ser suficiente para promover conducta motivada. Con el tiempo, nuestro sistema dopaminérgico puede haberse habituado tanto al 30 que se requiera actividad en 50 o 60 para promover motivación.

Estupendo, pero ¿todo esto que tiene que ver con lo de la peli, el sofá y la manta? Los seres humanos tenemos un gen denominado *COMT* que codifica una enzima llamada Catecol O-metiltransferasa cuya función no es otra que la de degradar la dopamina y la adrenalina. En los seres humanos, este gen *COMT* puede expresarse a través de tres posibles polimorfismos genéticos, que no son otra cosa que posibles variaciones normales en la secuencia de ADN. Pues bien, uno de estos polimorfismos del gen *COMT*, denominado Met158Met, supone una actividad de la enzima de la *COMT* muy alta, implicando en consecuencia que se degraden e inactiven mucha dopamina y adrenalina. En el lado opuesto, existe otro posible polimorfismo que se denomina Val158Val que, a diferencia del anterior, se asocia con una muy baja actividad de la enzima y, por ende, con una mayor disponibilidad de dopamina y de adrenalina.

Sin ser el único mecanismo que explica, por supuesto, la personalidad humana, sabemos que las personas que presentan el polimorfismo Val158Val exhiben de manera general una personalidad más impulsiva, con tendencia a la búsqueda de sensaciones, de riesgos, y con tendencia a mostrar dificultades para aprender de los errores y de estimar beneficios a largo plazo. En contraposición, las personas con el polimorfismo Met158Met suelen presentar una personalidad más tranquila, mostrando pocos signos de tendencia a la búsqueda de sensaciones, evitando las situaciones de riesgo y siendo más planificadoras en el tiempo.

A nivel neurobiológico, sabemos que, como consecuencia de la baja actividad enzimática, las personas con el polimorfismo Val158Val presentan un tono dopaminérgico basal muy incrementado con respecto al que presentan las personas Met158Met. En consecuencia, las personas

Val158Val requieren, entre 0 y 100, mucha·más actividad para promover conductas y para construir aprendizajes. Así, tienden a mostrar una clara tendencia por la novedad y a incorporar mucho peor las consecuencias negativas derivadas de sus conductas impulsivas.

Paralelamente, hay otro gen sumamente interesante con el propósito de comprender cómo una parte de nuestra biología más elemental participa en cómo somos. Los seres humanos tenemos un gen especialmente relacionado con el sistema dopaminérgico que se denomina *DRD4* y que básicamente contribuye a la función de un tipo de receptor de dopamina de nuestras neuronas que se denomina D4. Existe una variante de este gen que se conoce como *DRD4-7R* que se asocia con determinados rasgos de personalidad que tienen mucho que ver con lo que hemos comentado. Básicamente, la variante *DRD4-7R*, a la que eventualmente se ha hecho referencia como *gen del viajero*, se asocia con una tendencia al deseo de explorar, viajar y descubrir nuevos lugares. A diferencia del *COMT*, resulta muy curioso que el *DRD4-7R* parece contribuir específicamente a que la búsqueda de la novedad adquiera la forma de exploración, de viajar. De hecho, algunos estudios sugieren que algunas de las poblaciones en las que con mayor frecuencia se encuentra esta variante genética son precisamente aquellas que a lo largo de nuestra historia evolutiva se alejaron más de África, esto es, del punto de partida.

De este modo, una parte de lo que somos se ve significativamente influida por algo que llevamos incorporado en nuestra biología y que, en gran medida, no solo nos explica en parte por qué soy incapaz de pasarme un fin de semana en casa viendo una película en el sofá, sino que posiblemente también nos cuenta una pequeña parte de la historia que un día nos llevó a algunos a bajar de los árboles y empezar a caminar sin destino fijo, simplemente por el placer de explorar.

LA DEMENCIA SENIL NO EXISTE

En el mejor de los casos, nos llegan a la consulta personas a quienes sus familiares acompañan y que refieren no tener grandes problemas de memoria más allá de los «propios de la edad». En el peor de los casos, estas personas no llegan nunca a la consulta, precisamente porque sus familias consideran que lo que les pasa es «normal para su edad».

El concepto *demencia senil* supone en sí mismo que la senilidad, esto es, la vejez, es la causa de algún tipo de demencia. Por demencia entendemos el conjunto de síntomas que básicamente indican la existencia de un trastorno neurocognitivo lo suficientemente severo como para que el nivel de independencia y la funcionalidad de una persona se encuentren comprometidos. Es decir, una persona con demencia no podría sobrevivir si la dejáramos sola. Pero una demencia no es una enfermedad, sino un conjunto de síntomas que pueden ser la consecuencia de una infinidad de causas. Por ejemplo, una persona puede haber desarrollado una demencia como consecuencia de una enfermedad de

Alzheimer, de un traumatismo craneal, de un ictus o del daño cerebral derivado de los efectos del alcohol.

Envejecer es un proceso biológico que sucede en todos los seres vivos a lo largo del ciclo que define su vida. El envejecimiento lleva implícita toda una serie de cambios en la fisiología del ser humano más que evidentes tales como que la piel se arrugue, que se pierda agilidad física y mental o que se incremente el riesgo de desarrollar alguna de las muchas enfermedades relacionadas con la edad. Bajo este supuesto, durante mucho tiempo se ha considerado que, en ausencia de una enfermedad de Alzheimer, muchas personas mayores que experimentan un deterioro cognitivo progresivo lo experimentan como consecuencia natural de su edad.

Pero la realidad es que la edad en sí misma, hacerse mayor, incluso muy mayor, no explica o no está detrás de que una persona haya perdido significativamente su memoria o que haya desarrollado un trastorno cognitivo del tipo de una demencia.

Como dijimos, el ser humano desarrolla a lo largo de los primeros años su extraordinario potencial cognitivo. Pero, no muy tarde en tiempo, empieza un declive progresivo que forma parte del propio envejecimiento y que nunca supondrá que aparezcan alteraciones cognitivas que interfieran significativamente con el día a día. A lo largo de este proceso, algunas personas empezarán a presentar cambios graduales más consistentes que podrán afectar a la memoria, al lenguaje, al razonamiento, al comportamiento, a los procesos visuales, a todo, y que, en algunos casos, mostrarán un patrón de empeoramiento creciente muy evidente.

La presencia de estos primeros signos, sutiles pero inequívocos y fácilmente reconocibles mediante la exploración neuropsicológica, nunca es consecuencia de un hecho esperable ni explicable como producto de la edad. Por el contrario, en algunos casos detrás de estos primeros signos podrá estar una fase inicial de una enfermedad de Alzheimer, pero, en muchos otros, puede haber una infinidad de causas distintas, algunas de las cuales podrán también suponer un proceso neurodegenerativo, mientras que otras serán parte de otro tipo de enfermedades.

En cualquier caso, la peor consecuencia derivada de normalizar el deterioro cognitivo como una característica natural de la edad es banalizar lo que ello significa, descuidar la realidad y no permitir que se administren tratamientos oportunos que, en algunos casos, atendiendo a los mecanismos causales, podrían ejercer un efecto significativo sobre el estado cognitivo o sobre la calidad de vida de las personas que, junto con los niños, merecen más que nadie toda nuestra atención: las personas mayores.

EL TDAH ES UN INVENTO DE LAS FARMACÉUTICAS

Los niños y adolescentes, tal y como hemos comentado en esta misma parte, presentan una infinidad de conductas propias de lo que podríamos denominar o considerar hipofrontalidad. Sabemos que estas conductas son características normales, que merecen nuestra atención, que son parte del desarrollo y de los aprendizajes que experimentamos y que, en ningún caso, reflejan una enfermedad o trastorno.

El trastorno por déficit de atención e hiperactividad o TDAH es posiblemente una de las entidades diagnósticas más conocidas, odiadas y mal comprendidas, en parte porque algunas personas creen que lo que intentamos definir como TDAH son esas conductas hipofrontales que en definitiva describen la normalidad en los niños. Pero no es así.

Posiblemente, una de las peores cosas que se ha hecho en lo relativo al TDAH haya sido ponerle este nombre. Bajo esta denominación, da la impresión de que los elementos centrales o, incluso, exclusivos del TDAH, sean las dificultades atencionales y la hiperactividad motora, cuando, en realidad, estas manifestaciones son secundarias a procesos más primarios que definen la esencia de este trastorno.

Evidentemente, existe una infinidad de motivos alejados de cualquier síndrome del neurodesarrollo que pueden explicar que un niño se porte mal, tenga dificultades en la escuela, preste poca atención, sea movido, etcétera. Dicho de otro modo, forma parte de la más absoluta normalidad que un niño pueda tener algunas dificultades en el ámbito académico, algunos malos comportamientos, que existan cosas que no le interesen lo más mínimo o que sea inquieto. Pero el TDAH no es esto.

Cuando hablamos de TDAH hablamos de un conjunto de manifestaciones que comienzan en la infancia y en un 50 % de los casos persisten en la edad adulta, que se presentan de manera prolongada en el tiempo, que causan un impacto negativo en varias esferas de la vida de la persona —por ejemplo, en el ámbito académico, social, familiar o laboral—, y que, en rasgos generales, se acompaña por dificultades en el mantenimiento de la atención mostrando una clara tendencia a la distracción y a la hiperactividad motora.

Pero cuando nos alejamos de estos rasgos generales es cuando encontramos en esencia la constelación de manifestaciones que engloba el TDAH, que justifican mi idea de su mal nombre y que, básicamente, revelan por sí mismas una parte muy importante acerca de los mecanismos responsables de esta afección. A lo largo de este libro he hablado de atención, monitorización, inhibición, autogobierno y de muchos otros procesos cognitivos. Las personas con TDAH tienen una gran dificultad respecto a la regulación de procesos cuyo despliegue plenamente eficiente depende en gran medida de las funciones frontales. Además, presentan evidentes dificultades en cuanto al uso e integración de las señales que empleamos para modular y para orientar nuestras conductas motivadas, por lo que tienen igualmente dificultades para aprender mediante reforzadores, del mismo modo que aprenden otras personas.

En consecuencia, el TDAH es básicamente un trastorno del neurodesarrollo que en esencia compromete al despliegue de las funciones frontales acorde a lo que correspondería por la edad de la persona. En una proporción significativa de los casos, en gran medida las manifestaciones sintomáticas del TDAH son una consecuencia derivada de que las áreas y funciones frontales y sus respectivos circuitos aún no se han desarrollado debidamente. En otros casos, podemos asumir que los síntomas no son una mera consecuencia de un retraso en el desarrollo que en algún momento culminará, sino que son parte del modo en que se organizará y funcionará el sistema nervioso de estas personas durante toda su vida. Finalmente, existen una infinidad de dolencias que pueden asociar como sintomatología secundaria muchas de las características que encontramos en el TDAH.

Por lo tanto, en el TDAH no debe haber ninguna otra afección médica o contextual que pueda explicar la persistencia de todos estos síntomas ni su efecto deletéreo en distintas áreas de la vida de la persona.

Es habitual que muchos padres cuestionen un posible diagnóstico de TDAH cuando, asumiendo que el TDAH es sinónimo de falta de atención, te explican que tu hijo es capaz de prestar mucha atención y durante mucho tiempo a las cosas que le interesan. Esta excelente observación no va en contra de lo que sucede en el TDAH, muy al contrario, forma parte de una de las características de este trastorno. En condiciones normativas, podemos desplegar atención y recursos cognitivos sobre todo aquello que exige el contexto en el que estamos, nos interese o motive o no. En el TDAH, la capacidad para mantener la atención libre de distracciones cuando se hace frente a cuestiones que no motivan resulta terriblemente ineficiente. Pero, al tratarse de un síndrome que tiene todo que ver con las funciones frontales, aparecen muchos otros elementos que convierten la vida de los niños y adultos con TDAH en algo relativamente complicado. Por ejemplo, dificultades de memoria o tendencia al olvido como consecuencia del bajo despliegue de recursos atencionales hacia cosas que se deberían recordar. Igualmente, muestran notables dificultades en la gestión del tiempo y en la organización y planificación de las tareas a realizar, siendo muy típica la pésima gestión de las prioridades y la tendencia a la procrastinación. La capacidad para mantener una conducta anticipando eventuales consecuencias a futuro resulta igualmente muy difícil en el contexto del TDAH. Por el contrario, existe una evidente tendencia y facilidad para realizar tareas que asocien un reforzador inmediato. La hiperactividad motora puede ser muy obvia en niños, pero en adolescentes y adultos suele tener más que ver con la impaciencia y con la impulsividad. Al comprometer los procesos de autorregulación, el manejo o la gestión emocional también pueden resultar relativamente complejos en el contexto del TDAH, siendo frecuentes los problemas relacionados con la inhibición de respuestas emocionales que pueden manifestarse como explosiones de ira o de ansiedad.

En conjunto, el TDAH es un trastorno al que se asocia toda una constelación de síntomas que se pueden expresar de manera muy distinta en cuanto a la forma y en cuanto a la severidad, pero que en todos los casos tienen un impacto significativo en la vida de quienes los presentan. Por ello, la principal consecuencia derivada del TDAH no son solo las dificultades en el ámbito académico, sino también en el plano social, familiar y en cuanto a las oportunidades de éxito laboral en el futuro.

En lo relativo a la neurobiología del TDAH, conocemos bien los sistemas cerebrales, incluyendo los sistemas de neurotransmisores, cuyas particularidades explican el desarrollo y la persistencia de los síntomas del TDAH. Como consecuencia de esta comprensión, se han podido desarrollar terapias dirigidas a minimizar la expresión de estos síntomas con la única finalidad de mejorar la calidad de vida y las oportunidades de éxito de las personas con TDAH.

El sistema dopaminérgico juega un papel central en la modulación de los procesos neurocognitivos que se ven comprometidos en el TDAH. Sin entrar en detalles, los tratamientos farmacológicos para el TDAH se fundamentan en el uso de moléculas agonistas parciales de la dopamina; de hecho algunos psicoestimulantes consiguen ejercer perfectamente esta función. De este modo, paradójicamente, las personas con TDAH se centran y tranquilizan cuando les damos estimulantes como consecuencia del efecto que estos tienen sobre las vías dopaminérgicas en las que se pretende actuar. Evidentemente, las terapias cognitivo-conductuales orientadas a las funciones frontales-ejecutivas son asimismo muy eficaces, especialmente en los adultos.

Pero, volviendo a la paradoja que experimentan muchas personas con TDAH al usar estimulantes, vale la pena incidir en que no siempre todas las personas con TDAH responden igual de bien a los estimulantes y, en paralelo, que precisamente esta paradoja ilustra un fenómeno que cuenta muchas cosas acerca de la realidad biológica del TDAH. Este fenómeno consiste en que, a diferencia de lo que sucede en el TDAH cuando se emplean estimulantes, cuando un cerebro no TDAH usa estimulantes habitualmente no solo no se produce este efecto paradójico positivo, sino que aparecen efectos negativos. Por ejemplo, son muchas las personas que usaron en algún momento anfetaminas para estudiar y descubrieron que, a diferencia de otros compañeros, las anfetaminas no solo no les hicieron estar más activos y atentos, sino que fueron incapaces de aprender. Algo similar podemos ver en un contexto de consumo de cocaína, donde es habitual que las personas con TDAH expliquen que no experimentaron una clara euforia o impulsividad durante el consumo, sino todo lo contrario: se sintieron tranquilas y concentradas. De hecho, el TDAH incrementa notablemente el riesgo a desarrollar una adicción a la cocaína y a otras sustancias, así como el riesgo de accidentes o de cometer un delito, especialmente en ausencia de tratamiento, en parte porque el TDAH no tratado de algún modo se trata empleando sustancias y realizando conductas de riesgo.

Pero, volviendo a la respuesta paradójica en lo relativo al uso de estimulantes en población con y sin TDAH, gran parte de la explicación la encontramos en el hecho de que la relación que existe entre niveles de dopamina en nuestra corteza prefrontal y rendimiento cognitivo es una relación extremadamente frágil y que sigue una distribución en forma de U invertida. De modo que, tanto por defecto como por exceso de tono dopaminérgico, las funciones frontales se ven comprometidas y, además, el rango donde se sitúa el funcionamiento óptimo es particularmente estrecho, de modo que es muy fácil caer en un lado u otro de esa U invertida. Así que, básicamente, en ausencia de un problema de base que tenga que ver con el sistema dopaminérgico prefrontal, cuando una persona sin TDAH consume anfetaminas o cocaína, inmediatamente sitúa su tono dopaminérgico en el lado extremo de la U invertida correspondiente con la sobreestimulación dopaminérgica y, en consecuencia, su rendimiento cognitivo decae.

En cualquier caso, el debate relativo a la existencia o no del TDAH y a la idoneidad o no de emplear psicoestimulantes lamentablemente solo sirve para que las consecuencias derivadas del TDAH sigan afectando la vida de las personas que lo padecen.

Ello no significa que, por sistema, se deba medicar a todo niño o adulto que cumpla los criterios diagnósticos de TDAH, para nada. Pero sí significa que, atendiendo al impacto que los síntomas del TDAH tengan en la vida de las personas, deberemos contemplar todas las opciones disponibles con el propósito únicamente de mejorar sus vidas.

Nadie viene a los hospitales ni a nuestra consulta ofreciéndonos viajes a Brasil o a Cancún a cambio de diagnosticar mucho TDAH y de recetar estimulantes a todo el mundo. Nuestra reputación básicamente depende de las consecuencias que deriven de aquello que hacemos con y para las personas que atendemos. De modo que sería bastante absurdo suponer que diagnosticamos a cambio de viajecitos. En cualquier caso, resulta evidente que existe un notable sobrediagnóstico de TDAH. Posiblemente, una parte de ello se explique como consecuencia de los malos diagnósticos, esto es, de que algunos profesionales no sepan reconocer aquello que en realidad no es un TDAH, aunque se le parezca. En cuanto al uso de psicoestimulantes, es cierto que hay personas que siguen este tratamiento sin que se les hayan planteado otras opciones no farmacológicas o sin que necesiten este abordaje terapéutico. Nuevamente, esto es una consecuencia previsible de lo bien o de lo mal que algunas personas realizan su trabajo.

Pero nada de ello justifica que se pueda cuestionar la existencia de una afección que se ha hecho famosa durante los últimos veinte años, pero que sabemos que se da desde siempre y que, posiblemente, parte de su explosión haya derivado de muchos de los cambios que ha experimentado el sistema educativo tal como está planteado. De modo que actualmente es más fácil que se detecten más casos de

TDAH, básicamente porque antes estas personas no estaban en las escuelas sino trabajando.

Ahora sabemos que, a pesar de desarrollar un sistema educativo que premia lo normativo y que expone a una infinidad de dificultades a cualquier persona cuya forma de funcionar sea distinta, nuestra obligación es la de hacer todo aquello que esté en nuestras manos para facilitar que, a pesar de todas estas dificultades, las personas con un TDAH puedan llegar tan lejos como cualquier otro individuo.

LAS ENFERMEDADES MENTALES NO EXISTEN

A lo largo de los años sesenta del siglo pasado, en respuesta crítica a algunas de las prácticas habituales en el ámbito de la psiquiatría como los ingresos involuntarios, la terapia electroconvulsiva o el uso de determinados medicamentos, surgió un movimiento denominado *antipsiquiatría*. Este movimiento, entre otras cosas, argumentaba que la psiquiatría construía enfermedades mentales a partir de etiquetar reacciones psicológicas normales y otros problemas derivados de nuestra interacción con el entorno. Igualmente, cuestionaban la base científica y el conocimiento relativo a las enfermedades mentales, así como la validez del uso de los psicofármacos.

En el ámbito de la psicología, el conductismo radical afianzado bajo algunos de los supuestos teóricos desarrollados por B. F. Skinner considera, entre otras cosas, que toda conducta humana es resultado de un aprendizaje y que, en consecuencia, toda conducta humana responde a una función aprendida.

En el momento actual, resulta en parte sorprendente (para mí al menos) la existencia de un posicionamiento muy riguroso y fuerte, especialmente asentado en el ámbito de la psicología clínica y conductual, que conjuga elementos propios de la antipsiquiatría de los años sesenta y del conductismo radical, cuestionando de manera totalmente abierta que las enfermedades mentales, tal y como se consideran desde la óptica de la psiquiatría o tal y como las podemos considerar desde una perspectiva neurológica o neuropsicológica, existan.

La clasificación de los problemas de conducta y de todo aquello que podamos considerar como enfermedad plantea toda una serie de dificultades de naturaleza conceptual, filosófica y semántica. Este último punto es relevante, puesto que, a mi modo de entender, un componente central en lo relativo al cuestionamiento de si ciertas conductas constituyen aquello que podríamos considerar como una enfermedad surge como consecuencia de las limitaciones inherentes al modo en el que nos referimos a determinadas afecciones.

El ánimo depresivo no es una depresión y la ansiedad no es un trastorno de ansiedad, del mismo modo que tener una personalidad un tanto suspicaz no es equivalente a un delirio paranoide ni ser obsesivo o meticuloso sugiere padecer un trastorno obsesivo-compulsivo.

Todas las personas, como consecuencia de las particularidades y de los acontecimientos que nos van sucediendo a lo largo de la vida, experimentaremos en algún momento formas más o menos severas y más o menos persistentes de malestar psicológico. Por las características que puedan adquirir estas formas de malestar, en ocasiones haremos referencia, por ejemplo, a que nos sentimos deprimidos o a que estamos ansiosos o a que nos hemos obsesionado con algo. Estas reacciones a los sucesos en la gran mayoría de los casos serán totalmente normales, lo cual no significa que, en función del malestar que impliquen, no puedan llegar a convertirse en problemas que merezcan atención y tratamiento.

Pero, cuando hablamos de enfermedades psiquiátricas o de manifestaciones neuropsiquiátricas, hacemos referencia a afecciones en las que, a pesar de que de un modo genérico puedan presentarse síntomas de índole depresiva, ansiosa u obsesiva, la magnitud que estos adquieren y el impacto que ejercen sobre la vida de la persona y su contexto resultan absolutamente desproporcionados y totalmente incompatibles con un mero problema psicológico. Además, en muchos de estos casos no hay claros desencadenantes en la vida de las personas que puedan explicar en su totalidad que se hayan manifestado este tipo de síntomas y, en caso de haberlos, en muchos casos permiten explicar una parte, pero no todo.

Paralelamente, en muchas ocasiones se piensa que las consecuencias derivadas de un daño o de una enfermedad en el cerebro adquirirán una serie de matices que, irremediablemente, harán que sea relativamente fácil saber que son producto de un cerebro estropeado. Pero la realidad es que, en infinidad de ocasiones, el daño o disfunción del cerebro da lugar a síntomas idénticos a los que podemos encontrar en enfermedades psiquiátricas. Este paralelismo ya de entrada nos obliga a considerar que, si un daño en el cerebro puede desencadenar un determinado tipo de síntoma, cuando este mismo síntoma lo encontremos en ausencia de aparente daño en el cerebro, posiblemente en ambos casos estén contribuyendo procesos cerebrales similares.

Sea como sea, la realidad clínica supone e impone un notable aprendizaje que fácilmente nos permite distinguir y asumir que existen un conjunto de alteraciones en el modo en el que funciona la mente humana y en el que algunas personas se comportan que adquieren tales niveles de complejidad y severidad que, de manera invariable, debemos considerarlas enfermedades.

En el caso de la depresión, muchas personas consideran que es un signo de debilidad y que su persistencia en el tiempo responde a que las personas que la padecen no se esfuerzan. Pero los trastornos depresivos son fenómenos mucho más complejos y severos que una mera tristeza o desánimo persistente en el tiempo. De este modo, en la depresión coexisten síntomas de tipo afectivo y motivacional, como la tristeza, la anhedonia, la frustración, la ideación de muerte o la ausencia de expectativas, con una amalgama de alteraciones neurocognitivas en la esfera de la atención, la memoria, las funciones frontales y la velocidad de procesamiento, acompañadas a su vez por múltiples formas de alteración de los patrones del sueño. Este conglomerado de síntomas puede adquirir formas tan extremas como para postrar a un individuo en una cama o sumirlo incluso en estados de completa desconexión con el medio.

Con absoluta independencia a lo que algunas revisiones profundamente sesgadas sugirieron, hace tiempo que la medicina dispone de distintos tratamientos farmacológicos *antidepresivos* que han mostrado una eficacia más que robusta tanto en los distintos ensayos clínicos como, lo más importante, en la práctica clínica rutinaria.

En lo relativo a los trastornos de ansiedad, es imperativo distinguir los nervios o incluso el pavor de tener que hablar en público de episodios profundamente perturbadores que pueden postrar a los individuos en la más absoluta soledad y aislamiento social o que pueden conllevar el despliegue de conductas totalmente grotescas en un intento sumamente irracional por poner fin al sufrimiento que deriva del miedo. Las conductas obsesivo-compulsivas en el marco de un trastorno obsesivo-compulsivo no tienen nada que ver con comprobar un par de veces si hemos cerrado la puerta o apagado el gas, ni con ponernos más o menos nerviosos si nos mueven las cosas de su lugar. Por el contrario, en el trastorno obsesivo-compulsivo, las personas pueden verse abrumadas por una infinidad de pensamientos intrusivos con los que la convivencia resulta imposible y que, en consecuencia, llevan a la persona a ejecutar algunas de las más absurdas a la par que grotescas conductas con el propósito de pretender minimizar el malestar psicológico que estos pensamientos le provocan. Es entonces cuando, a diferencia de los casos en que no es un trastorno, pueden aparecer conductas autolesivas, llegando incluso a arrancarse la piel de las manos a base de lavados continuos en un intento de evitar infecciones o a mutilar partes del cuerpo en respuesta a supuestos rituales que se deben seguir.

En el caso de la esquizofrenia y de otros trastornos psicóticos, la propia definición del conjunto de síntomas que acompañan a esta dolencia es ya, en mi opinión, constitutiva de una enfermedad sumamente grave. La esquizofrenia puede asociar un conglomerado de síntomas que denominamos «positivos», en forma de alucinaciones auditivas y en menor medida visuales e ideas delirantes, junto con múltiples síntomas «negativos», como retraimiento social, apatía, disminución del habla espontánea, enlentecimiento mental y deterioro cognitivo.

En todos estos casos, la ausencia de evidentes marcadores biológicos de enfermedad ha sido empleada como argumento para defender que, en esencia, no son enfermedades mediadas por la biología sino por el contexto. Lamentablemente, este tipo de afirmaciones no solo se sustentan sobre el desconocimiento absoluto de todo lo que actualmente sabemos en lo relativo a la neurobiología de estas enfermedades, sino que, además, revelan la ignorancia más elemental en torno a muchas otras afecciones médicas.

Ejemplo de ello es que, en el caso de la epilepsia, una enfermedad evidentemente neurológica, el 50 % de los pacientes no muestran ninguna anomalía en las pruebas de resonancia magnética e incluso en muchos casos se llega al diagnóstico y abordaje terapéutico a través del estudio de los síntomas, pero en ausencia de un electroencefalograma que muestre actividad epiléptica. ¿Significa ello que la epilepsia no es una enfermedad del cerebro? Obviamente no.

La realidad, en el ámbito de las enfermedades, se da en el contexto clínico y en el contexto personal y familiar de las personas afectadas. Por ello, inevitablemente, las historias que nos puedan contar toda una serie de trabajos realizados por personas que jamás se han sentado delante de un ser humano que sufre formas atroces de malestar psicológico siempre estarán muy alejadas de la dramática realidad con la que estas personas conviven. Y es en esa realidad donde las terapias y los tratamientos nos muestran lo que funciona mejor y lo que no funciona bien. Es entonces cuando podemos constatar que, en efecto, muchos de estos terribles síntomas se consiguen controlar o mejorar a expensas de emplear aproximaciones farmacológicas y no farmacológicas, y que incluso en algunos casos, a pesar de que las pruebas de resonancia magnética no muestren nada, a través de técnicas tan innovadoras como la neuromodulación cerebral mediante estimulación profunda, se consiguen mejorar de un modo antes inimaginable manifestaciones propias de las formas más atroces de depresión, de esquizofrenia o de trastorno obsesivo-compulsivo.

En cualquier caso, no somos nosotros quienes merecemos que estos temas se traten y divulguen con el rigor y respeto que merecen, sino quienes los padecen, los auténticos protagonistas de una historia que no podremos cambiar si nos limitamos a estudiarla desde enfoques sesgados o asentados más en la creencia y en la ideología que en la evidencia.

EPÍLOGO

Entender el funcionamiento del cerebro humano nos brinda una oportunidad extraordinaria para aproximarnos a aquello que somos. Sin embargo, el cerebro y las funciones que dependen de él son el producto de procesos mucho más complejos que no pueden reducirse a un tejido orgánico, a la electricidad y a la bioquímica. Eso lo tenemos claro. Al menos yo.

Cualquier aproximación que pretenda dar una explicación definitiva basándose en un neurotransmisor, una hormona o un sistema cerebral, resultará siempre, sin duda alguna, una simplificación que obedece a pretensiones mercantiles más que científicas. De la misma manera, también podemos afirmar que cualquier explicación que pretenda negar el papel de los procesos cerebrales en la construcción de lo que somos, será igualmente una negación del conocimiento y de nuestra realidad.

La ciencia no tiene una respuesta absoluta para todas las preguntas que nos planteamos, pero sí que nos provee de modelos teóricos validados desde donde podemos aproximarnos con garantías a los elementos cruciales que explican una parte importante de lo que somos y por qué somos como somos. A su vez, la ciencia nos dota de algo incluso mas relevante a nivel práctico: la posibilidad de someter nuestras creencias y verdades a un método desde el cual podemos cuestionarlo todo, ponerlo a prueba todo y descubrir, en algunos casos, que estábamos equivocados.

Este libro no pretende ser una biblia elaborada a partir de verdades absolutas. De hecho, nadie las tiene. Como he reiterado en infinidad de ocasiones, este campo del conocimiento requiere de una humildad que parte, precisamente, de todo lo que somos capaces de saber a través del conocimiento; por ejemplo, que muchas cosas no las sabemos.

La etiqueta «neuro» gusta y vende, pero no todo lo adornado con esta palabra implica necesariamente algo cercano a la verdad. De hecho, me atrevo a afirmar que una gran mayoría de los conceptos y teorías que han ido apareciendo a lo largo de los últimos años, con el adorno de la «neurociencia» incorporado, exponen ideas terriblemente simples y erróneas, pero al mismo tiempo terriblemente asertivas.

Es cierto que a lo largo de este libro me he permitido el lujo y la licencia de elaborar explicaciones a diferentes escenarios desde una perspectiva neuropsicológica. No es menos cierto que esta narrativa posiblemente tendrá infinidad de matices, pero, en cualquier caso, todos los argumentos que he elaborado no parten de mis ideas o creencias ni de ninguna moda actual, sino de lo que muchos años de investigación científica rigurosa nos han enseñado acerca del funcionamiento del cerebro y de su relación con la conducta humana. Este conocimiento, sustentado en mi propia experiencia científica y clínica y en la de muchos de mis colegas, aporta un marco desde el cual podemos intentar entender las cosas, un marco que merece ser tenido en consideración puesto que no nace del mundo de los cantos de las sirenas.

Resulta evidente que es imposible someter a determinados métodos experimentales muchas de las situaciones que se narran en este libro. Pero eso no significa que, sin olvidarnos de lo que sabemos con certeza que hace un cerebro y sus procesos, no podamos hipotetizar y generalizar argumentos neuropsicológicamente plausibles para todos estos escenarios.

El conocimiento nace de cuestionárnoslo todo, y eso es lo mejor que los lectores y yo mismo podemos continuar haciendo una vez terminado este libro. No se trata de tener o no la razón, se trata de entender y de disponer de un punto de partida para aportar explicaciones que siempre podremos volver a discutir o demostrar.

PARA SABER MÁS

Saul Martinez-Horta, *Cerebros rotos* (Kailas, Barcelona, 2022)
Una recopilación de interesantes casos clínicos que nos ayuda a entender lo que sucede cuando el cerebro se rompe como consecuencia de distintas enfermedades y el viaje a las experiencias humanas que acompañan esta ruptura.

Oliver Sacks, *El hombre que confundió a su mujer con un sombrero* (Anagrama, Barcelona, 2008)
Una fascinante narrativa de casos clínicos en el ámbito de la neurología desarrollada por el brillante doctor Oliver Sacks.

Oliver Sacks, *Un antropólogo en Marte* (Anagrama, Barcelona, 2006)
Siguiendo el estilo de su anterior libro, el doctor Sacks presenta otras historias que nacen de los problemas neurológicos de sus pacientes.

Oliver Sacks, *Alucinaciones* (Anagrama, Barcelona, 2018)
En este libro Oliver Sacks ofrece un maravilloso ensayo en torno a las alucinaciones, tanto las que suceden en el contexto de determinadas enfermedades como las que podemos experimentar dentro de la más absoluta normalidad.

John J. Ratey, *El cerebro: manual de instrucciones* (Debolsillo, Barcelona, 2003)
Un libro divulgativo que aproxima al lector, de forma amena y sencilla, al funcionamiento del cerebro humano, tanto en la normalidad como en la enfermedad.

Nolasc Acarín, *El cerebro del rey* (RBA Bolsillo, Barcelona, 2018)
Este libro intenta desarrollar varios aspectos que tienen que ver con lo que somos, desde el punto de vista de la neurología y la neurociencia.

Antonio Damasio, *El error de Descartes: emoción, razón y cerebro humano* (Booket, Barcelona, 2022)
Una obra fascinante donde el excepcional doctor Damasio (Premio Príncipe de Asturias de Investigación Científica y Técnica en 2005) desarrolla su hipótesis del *marcador somático* mediante la cual explica el papel y la importancia de las emociones en el proceso de toma de decisiones.

Rita Carter, *El nuevo mapa del cerebro* (RBA Integral, Barcelona, 2001)
Un libro ilustrado que ayuda a conocer la anatomía y la función del cerebro humano a través de sencillas explicaciones basadas en ejemplos, experimentos y casos clínicos.

Steven Pinker, *Cómo funciona la mente* (Destino, Barcelona, 2001)
Esta brillante obra se aproxima y profundiza en las ciencias cognitivas y en el desarrollo de los modelos que se aplican al funcionamiento de la mente humana.

George Deutsch y Sally P. Springer, *Cerebro izquierdo, cerebro derecho* (Gedisa, Barcelona, 2012)
Un detallado recorrido por las espectaculares investigaciones que se han realizado en pacientes sometidos a cirugías de división de los hemisferios cerebrales.

Susannah Cahalan, *Mi cerebro en llamas* (Kailas, Barcelona, 2019)
En esta obra autobiográfica, la autora narra su compleja experiencia al desarrollar una enfermedad desconocida que la condenó al desahucio hasta que se descubrió que padecía un proceso tratable, derivado de una respuesta autoinmune, denominado encefalitis anti-NMDA.

Jesús Ramírez Bermúdez, *Breve diccionario clínico del alma* (Debate, Barcelona, 2010)
Un atractivo ensayo que desarrolla los misterios y complejidad de la mente humana a través de la descripción de casos clínicos y de las propias notas del autor.

Jesús Ramírez Bermúdez, *Depresión: La noche más oscura* (Debate, Barcelona, 2020)
Un libro imprescindible, relato que retrata perfectamente la realidad de la depresión como enfermedad.

Jesús Ramírez Bermúdez, *La melancolía creativa* (Debate, Barcelona, 2022)
Este ensayo investiga los mecanismos ocultos de la creatividad y sus vínculos con la melancolía, desde la óptica de la psiquiatría y la neurociencia.

Ramón Nogueras, *Por qué creemos en mierdas. Cómo nos engañamos a nosotros mismos* (Kailas, Barcelona, 2020)
Un divertido y elegante libro en torno a los procesos que explican cómo percibimos, pensamos e interpretamos el mundo y cómo ello nos lleva, entre otras cosas, a creer en lo absurdo.

Joseph LeDoux, *El cerebro emocional* (Planeta, Barcelona, 1999)
Una maravillosa obra de gran calidad científica que aproxima al lector a todos los procesos cerebrales relacionados con las emociones y con nuestra capacidad de sentir.

Alan Baddeley, Michael W. Eysenck y Michael C. Anderson, *Memoria* (Alianza, Madrid, 2020)
Un manual imprescindible para aquellos que quieran profundizar en el conocimiento de la memoria.

Roger Gil, *Neuropsicología* (Elsevier, Barcelona, 2019)
Una obra más «técnica», pero al alcance de los lectores, que describe muchos de los síndromes neuropsicológicos esenciales y el proceso de evaluación.

Eric R. Kandel, *En busca de la memoria* (Katz editores, Madrid, 2013)
El Premio Nobel de Medicina Eric R. Kandel, desarrolla todo el conocimiento existente sobre los procesos que rigen el funcionamiento de la memoria y, de forma paralela, narra su propia vida y experiencias.

Gerald Edelman y Giulio Tononi, *El universo de la conciencia* (Editorial Crítica, Barcelona, 2002)
Una obra que se adentra en una de las cuestiones mas complejas en el campo de las neurociencias: ¿cómo se construye la conciencia?

CRÉDITOS